Srilali Siragam
D. Rahulkhanna
L. Priyanka

Cultivar a inovação: IA para uma agricultura sustentável

Srilali Siragam
D. Rahulkhanna
L. Priyanka

Cultivar a inovação: IA para uma agricultura sustentável

Inteligência artificial para uma agricultura sustentável

ScienciaScripts

Imprint

Cover image: www.ingimage.com

This book is a translation from the original published under ISBN 978-620-7-81021-5.

Publisher:
Sciencia Scripts
is a trademark of
Dodo Books Indian Ocean Ltd. and OmniScriptum S.R.L publishing group

120 High Road, East Finchley, London, N2 9ED, United Kingdom
Str. Armeneasca 28/1, office 1, Chisinau MD-2012, Republic of Moldova, Europe
Printed at: see last page
ISBN: 978-620-7-87699-0

CULTIVAR A INOVAÇÃO: INTELIGÊNCIA ARTIFICIAL PARA UMA AGRICULTURA SUSTENTÁVEL

DR. SRILALI SIRAGAM SR. RAHULKHANNA D MRS. PRIYANKA L

PREÂMBULO

Numa era em que desafios globais como as alterações climáticas, o crescimento populacional e a escassez de recursos estão a exercer uma enorme pressão sobre os nossos sistemas agrícolas, a inovação é mais crucial do que nunca. Na intersecção entre a tecnologia e a agricultura existe um reino de possibilidades - onde a inteligência artificial promete transformar as práticas agrícolas tradicionais em sistemas sustentáveis, eficientes e resistentes, capazes de alimentar uma população em crescimento, salvaguardando os recursos do nosso planeta.

A inteligência artificial, que engloba a inteligência artificial, a aprendizagem automática e a análise de dados, está a revolucionar a agricultura, capacitando os agricultores com conhecimentos em tempo real, análise preditiva e maquinaria autónoma. Desde a agricultura de precisão e irrigação inteligente até à monitorização de culturas e gestão da cadeia de fornecimento, a inteligência artificial está a permitir uma nova era da agricultura - uma era orientada por dados, ambientalmente sustentável e economicamente viável.

Este livro, "Cultivating Innovation: Machine Intelligence for Sustainable Agriculture", explora o potencial transformador da inteligência artificial na agricultura e apresenta exemplos reais da sua aplicação em diversos contextos agrícolas. Através de estudos de caso, de conhecimentos especializados e de exemplos práticos, os leitores terão uma compreensão mais profunda da forma como a inteligência artificial está a remodelar o futuro da agricultura e a impulsionar a inovação em toda a cadeia de valor agrícola.

Ao embarcarmos nesta viagem de exploração e descoberta, vamos não só celebrar as conquistas do passado, mas também olhar em frente para as possibilidades do futuro. Ao aproveitar o poder da inteligência artificial e ao adotar um espírito de colaboração, criatividade e sustentabilidade, podemos cultivar um futuro mais brilhante e mais resistente para a agricultura - um futuro que nutra as pessoas e o planeta.

Juntos, vamos cultivar a inovação e preparar o caminho para um futuro agrícola mais sustentável, produtivo e inclusivo.

Dr. Srilali Siragam

Faculdade de Engenharia e Tecnologia de Swarnandhra

AGRADECIMENTOS

A criação deste livro, "Cultivando a Inovação: Machine Intelligence for Sustainable Agriculture", foi um esforço de colaboração que não teria sido possível sem o apoio, as contribuições e a dedicação de muitos indivíduos e organizações.

Antes de mais, gostaria de expressar a minha gratidão aos agricultores, agrónomos e profissionais agrícolas cuja paixão, experiência e empenho impulsionam a inovação e o progresso no domínio da agricultura. As suas valiosas percepções, feedback e experiências do mundo real foram fundamentais para moldar o conteúdo deste livro e destacar as aplicações práticas da inteligência artificial na agricultura.

Gostaria também de agradecer aos investigadores, cientistas e tecnólogos que estão na vanguarda do desenvolvimento e do avanço das tecnologias de inteligência artificial para a agricultura. A sua investigação pioneira, as suas soluções inovadoras e a sua dedicação incansável para ultrapassar os limites do conhecimento lançaram as bases para o potencial transformador da inteligência artificial na agricultura.

Além disso, estendo o meu agradecimento às organizações, empresas e instituições que generosamente partilharam os seus conhecimentos, recursos e estudos de caso para inclusão neste livro. A sua colaboração e parceria enriqueceram o conteúdo e forneceram aos leitores conhecimentos valiosos sobre as diversas aplicações da inteligência artificial em diferentes contextos agrícolas.

Finalmente, gostaria de agradecer aos leitores pelo seu interesse em explorar a intersecção entre tecnologia e agricultura e pelo seu empenho em promover a inovação e a sustentabilidade no sector agrícola. Espero que este livro inspire e capacite os leitores para aproveitarem o poder da inteligência artificial em benefício dos agricultores, das comunidades e do planeta.

Obrigado a todos os que contribuíram para este projeto, seja a que título for. O vosso apoio e colaboração são profundamente apreciados.

Dr. Srilali Siragam

Faculdade de Engenharia e Tecnologia de Swarnandhra.

ÍNDICE

PREÂMBULO 2
AGRADECIMENTOS 3
CAPÍTULO 1 5
CAPÍTULO 2 11
CAPÍTULO 3 16
CAPÍTULO 4 22
CAPÍTULO 5 30
CAPÍTULO 6 38
CAPÍTULO 7 46
CAPÍTULO 8 55
CAPÍTULO 9 61
CAPÍTULO 10 69
CAPÍTULO 11 78
CAPÍTULO 12 82
REFERÊNCIAS 91

CAPÍTULO 1

INTRODUÇÃO

Bem-vindo a "Cultivar a inovação: Inteligência artificial para uma agricultura sustentável". Neste livro, exploramos a forma como a tecnologia de ponta está a remodelar o futuro da agricultura. Ao aproveitar o poder da inteligência das máquinas, os agricultores de todo o mundo estão a revolucionar as práticas tradicionais, a otimizar os recursos e a promover a sustentabilidade na agricultura.

Junte-se a nós para mergulharmos no excitante mundo da agricultura de precisão, da irrigação inteligente e da maquinaria autónoma. Através de exemplos do mundo real e de conhecimentos especializados, vamos descobrir como a inteligência das máquinas está a impulsionar a inovação e a transformar a forma como produzimos alimentos. Vamos embarcar juntos nesta viagem para cultivar a inovação e moldar um futuro mais sustentável para a agricultura.

Fornecer uma visão geral da importância da agricultura na segurança alimentar mundial.

A agricultura desempenha um papel crucial na segurança alimentar mundial (**Figura 1.1**) por várias razões:

Fonte primária de alimentos: A agricultura é a principal fonte de produção de alimentos a nível mundial. Fornece os nutrientes essenciais necessários à sobrevivência e ao sustento do ser humano.

Fornecimento de calorias e nutrientes: As culturas, a pecuária e a pesca contribuem para o fornecimento de calorias, proteínas, vitaminas e minerais necessários para uma dieta equilibrada. Sem a agricultura, seria quase impossível satisfazer as necessidades nutricionais da população mundial.

Meios de subsistência económica: A agricultura é uma fonte significativa de meios de subsistência para milhares de milhões de pessoas em todo o mundo, especialmente nos países em desenvolvimento. Proporciona oportunidades de emprego, rendimentos e estabilidade económica a indivíduos e comunidades.

Segurança alimentar: Um sector agrícola estável e produtivo é essencial para garantir a segurança alimentar a nível nacional e mundial. A segurança alimentar existe quando todas as pessoas, em qualquer momento, têm acesso físico, social e económico a alimentos suficientes, seguros e nutritivos para satisfazer as suas necessidades dietéticas e preferências alimentares para uma vida ativa e saudável.

Resiliência climática: As práticas agrícolas sustentáveis podem aumentar a resiliência dos sistemas alimentares aos impactos das alterações climáticas, tais como fenómenos meteorológicos extremos, alterações dos padrões de precipitação e variações de temperatura. Os sistemas agrícolas diversificados e resilientes estão mais bem equipados para se adaptarem às condições ambientais em mudança e atenuarem a escassez de alimentos.

Alívio da pobreza: A agricultura pode ser um instrumento poderoso para a redução da pobreza, proporcionando oportunidades de emprego e geração de rendimentos aos pequenos agricultores e às comunidades rurais. O aumento da produtividade agrícola e do acesso aos mercados pode tirar as pessoas da pobreza e contribuir para o desenvolvimento económico global.

Sustentabilidade ambiental: As práticas agrícolas sustentáveis visam minimizar os impactos ambientais negativos, como a desflorestação, a degradação dos solos, a poluição da água e a perda de biodiversidade. Ao promover práticas como a agro-silvicultura, a rotação de culturas, a agricultura biológica e técnicas de irrigação eficientes em termos de água, a agricultura pode contribuir para a conservação do ambiente e atenuar as alterações climáticas.

Em resumo, a agricultura é essencial não só para satisfazer as necessidades nutricionais da população mundial, mas também para promover o desenvolvimento económico, atenuar a pobreza, reforçar a sustentabilidade ambiental e garantir a segurança alimentar para as gerações presentes e futuras.

Fig. 1.1: Segurança alimentar global

Introduzir o papel da inteligência artificial na revolução das práticas agrícolas tradicionais.

A inteligência artificial, incluindo a inteligência artificial (IA), a aprendizagem automática (ML) e a robótica, está a revolucionar as práticas agrícolas tradicionais (**Figura 1.2**) de várias formas:

Agricultura de precisão: A inteligência artificial permite aos agricultores recolher e analisar grandes quantidades de dados, como os níveis de humidade do solo, a temperatura e a saúde das culturas, em tempo real. Esta abordagem baseada em dados permite uma gestão precisa de recursos como a água, os fertilizantes e os pesticidas, conduzindo a uma maior eficiência e a colheitas optimizadas.

Fig. 1.2: Revolucionar a agricultura

Análise preditiva: Os algoritmos de IA podem analisar dados históricos e factores ambientais para fazer previsões precisas sobre o crescimento das culturas, infestações de pragas e padrões climáticos. Esta informação ajuda os agricultores a tomar decisões informadas sobre calendários de plantação, rotação de culturas e estratégias de controlo de pragas, reduzindo os riscos e maximizando a produtividade.

Equipamento agrícola autónomo: A robótica e a maquinaria alimentada por IA podem executar tarefas tradicionalmente realizadas por humanos, como plantar, colher e mondar, de forma autónoma. Tractores autónomos, drones e braços robóticos equipados com sensores e câmaras podem navegar pelos campos, identificar plantas e aplicar tratamentos com precisão, reduzindo os custos de mão de obra e aumentando a produtividade.

Monitorização e gestão das culturas: Os drones e satélites alimentados por IA podem captar imagens de alta resolução dos campos para monitorizar a saúde das culturas, detetar doenças e avaliar as condições ambientais. Ao analisar estas imagens, os agricultores podem identificar

áreas de preocupação e tomar medidas específicas para mitigar os problemas, tais como ajustar a irrigação ou aplicar fertilizantes apenas quando necessário.

Otimização da cadeia de fornecimento: A inteligência artificial pode melhorar a eficiência da cadeia de abastecimento agrícola, optimizando a logística, prevendo a procura e minimizando o desperdício. Os algoritmos de IA podem analisar as tendências do mercado, as rotas de transporte e as condições de armazenamento para garantir a entrega atempada de produtos frescos, reduzindo a deterioração e as perdas ao longo do caminho.

Sistemas de apoio à decisão: Os sistemas de apoio à decisão baseados em IA fornecem aos agricultores recomendações e conhecimentos personalizados com base nas suas circunstâncias e objectivos específicos. Estes sistemas consideram factores como o tipo de solo, previsão meteorológica, histórico de rotação de culturas e preços de mercado para ajudar os agricultores a tomar decisões baseadas em dados que maximizem a rentabilidade e a sustentabilidade.

Resiliência climática: A inteligência artificial pode ajudar os agricultores a adaptarem-se às alterações climáticas, fornecendo sistemas de alerta precoce para fenómenos meteorológicos extremos, optimizando a utilização da água em zonas propensas a secas e recomendando variedades de culturas resistentes e adaptadas às condições ambientais em mudança.

De um modo geral, a inteligência artificial está a transformar as práticas agrícolas tradicionais, melhorando a eficiência, a produtividade e a sustentabilidade, ao mesmo tempo que permite aos agricultores tomar decisões mais informadas e adaptar-se aos desafios de um mundo em mudança.

Preparar o terreno para explorar os avanços tecnológicos no sector.

Vamos preparar o terreno para explorar os notáveis avanços tecnológicos (**Figura 1.3**) na agricultura:

Nos últimos anos, a agricultura sofreu uma profunda transformação impulsionada pelos rápidos avanços da tecnologia. Estas inovações revolucionaram as práticas agrícolas tradicionais, dando início a uma era de precisão, eficiência e sustentabilidade. Desde a adoção da inteligência artificial e da robótica até ao aproveitamento de grandes volumes de dados e imagens de satélite, a tecnologia tornou-se uma ferramenta indispensável para os agricultores modernos, investigadores e decisores políticos.

Fig. 1.3: Avanço tecnológico na agricultura

No centro desta revolução tecnológica está o conceito de agricultura de precisão. Ao tirar partido de informações baseadas em dados e de ferramentas de ponta, os agricultores podem agora monitorizar e gerir todos os aspectos das suas operações com uma precisão sem precedentes. Desde a análise do solo e monitorização das culturas até à gestão da irrigação e controlo de pragas, a agricultura de precisão permite aos agricultores otimizar a utilização dos recursos, minimizar o impacto ambiental e maximizar os rendimentos.

Um dos desenvolvimentos mais interessantes na tecnologia agrícola é o aumento dos sistemas agrícolas autónomos. Com o advento dos drones, tractores e robôs autónomos, as tarefas que antes eram trabalhosas e demoradas podem agora ser executadas com uma eficiência e precisão notáveis. Estes sistemas autónomos podem plantar sementes, aplicar fertilizantes e colher colheitas com o mínimo de intervenção humana, libertando os agricultores para se concentrarem na tomada de decisões de nível superior e no planeamento estratégico. Para além das inovações nas explorações agrícolas, a tecnologia está também a revolucionar toda a cadeia de abastecimento agrícola. Do campo à mesa, as soluções digitais estão a simplificar a logística, a aumentar a segurança alimentar e a melhorar a rastreabilidade. A tecnologia Blockchain, por exemplo, permite o rastreio transparente e seguro dos produtos alimentares desde o campo até ao consumidor, ajudando a garantir a autenticidade e a qualidade ao longo do percurso.

Além disso, os avanços na engenharia genética, biotecnologia e melhoramento de precisão estão a remodelar a forma como cultivamos e desenvolvemos as culturas. Ao aproveitar o poder da genómica e da edição de genes, os cientistas podem criar culturas mais resistentes a pragas, doenças e factores de stress ambiental, ao mesmo tempo que melhoram o conteúdo nutricional e os perfis de sabor. À medida que nos aprofundamos no domínio da tecnologia agrícola, torna-se claro que as possibilidades são infinitas. Desde drones e sensores a inteligência artificial e biotecnologia, as ferramentas à nossa disposição estão a transformar a forma como produzimos, distribuímos e consumimos alimentos. No entanto, com estes avanços surgem também novos desafios e considerações éticas, tais como a privacidade dos dados, os quadros regulamentares e o fosso digital. Na exploração que se segue, vamos mergulhar em algumas das inovações mais excitantes que estão a moldar o futuro da agricultura, examinando os seus potenciais benefícios, riscos e implicações para a segurança alimentar, a sustentabilidade e a sociedade como um todo. Prepare-se para embarcar numa viagem pelo mundo de ponta da tecnologia agrícola!

CAPÍTULO 2

DESAFIOS DA AGRICULTURA TRADICIONAL

A agricultura tradicional enfrenta numerosos desafios que impedem a sua capacidade de satisfazer as exigências de uma população em crescimento, assegurando simultaneamente a sustentabilidade e a resiliência dos sistemas agrícolas. Alguns dos principais desafios incluem a ineficiência dos recursos, a variabilidade climática, o aumento da procura global e a viabilidade económica. Para enfrentar estes desafios, são necessárias soluções inovadoras que aproveitem a tecnologia, a tomada de decisões baseada em dados e as práticas sustentáveis. Ao adotar os avanços da inteligência artificial, como a agricultura de precisão, a irrigação inteligente e a maquinaria autónoma, os agricultores podem otimizar a utilização dos recursos, aumentar a resiliência e melhorar a produtividade e a rentabilidade da agricultura.

Destacar os desafios enfrentados pela agricultura tradicional, incluindo a ineficiência dos recursos, a variabilidade climática e a crescente procura global.

A agricultura tradicional enfrenta uma miríade de desafios (**Figura 2.1**) que ameaçam a sua sustentabilidade e a sua capacidade de satisfazer a crescente procura mundial de alimentos. Eis alguns dos principais desafios:

Ineficiência de recursos: As práticas agrícolas tradicionais assentam frequentemente numa utilização ineficiente de recursos como a água, a terra e a energia. Os métodos de irrigação ineficientes, a utilização excessiva de fertilizantes químicos e pesticidas e a monocultura podem conduzir à degradação dos solos, à poluição da água e à perda de biodiversidade. Estas práticas não são apenas insustentáveis do ponto de vista ambiental, mas também economicamente onerosas para os agricultores a longo prazo.

Variabilidade climática: As alterações climáticas estão a exacerbar os desafios enfrentados pela agricultura tradicional, com fenómenos meteorológicos mais frequentes e extremos, como secas, inundações e ondas de calor, a tornarem-se cada vez mais comuns. Estes padrões climáticos imprevisíveis podem perturbar o crescimento das culturas, reduzir os rendimentos e aumentar a prevalência de pragas e doenças, colocando riscos significativos para a segurança alimentar e os meios de subsistência.

Fig. 2.1: Desafios enfrentados pela agricultura

Escassez de água: A agricultura é um grande consumidor de recursos de água doce, sendo responsável por cerca de 70% das retiradas de água a nível mundial. No entanto, a escassez de água está a tornar-se um problema crítico em muitas regiões devido ao crescimento da população, à urbanização e às alterações climáticas. As práticas de irrigação ineficientes e a procura concorrente de água por parte de outros sectores agravam ainda mais este desafio, conduzindo a conflitos sobre os recursos hídricos e ameaçando a sustentabilidade da agricultura.

Degradação do solo: A degradação do solo, incluindo a erosão, a compactação e o esgotamento de nutrientes, é uma ameaça significativa para a agricultura tradicional. As práticas agrícolas intensivas, como a lavoura e a monocultura, podem degradar a qualidade do solo ao longo do tempo, reduzindo a sua capacidade de suportar o crescimento saudável das culturas e as funções do ecossistema. A recuperação dos solos degradados e a adoção de práticas sustentáveis de gestão dos solos são essenciais para preservar a produtividade agrícola e a saúde dos ecossistemas. Perda de biodiversidade: A agricultura tradicional dá frequentemente prioridade a variedades e raças de culturas de elevado rendimento em detrimento da biodiversidade. A monocultura e a utilização de sementes geneticamente uniformes podem aumentar a vulnerabilidade das culturas a pragas, doenças e factores de stress ambiental. A manutenção da biodiversidade nos sistemas agrícolas é crucial para a resiliência, uma vez que a diversidade dos ecossistemas é mais capaz de se adaptar a condições variáveis e de prestar serviços ecossistémicos essenciais, como a polinização e o controlo de pragas. Aumento da procura global: Prevê-se que a população mundial atinja quase 10 mil milhões de pessoas até 2050, colocando uma pressão sem precedentes no sistema alimentar global. A agricultura tradicional deve adaptar-se para responder a esta procura crescente de alimentos, rações, fibras e bioenergia, ao mesmo tempo que enfrenta os desafios já mencionados da ineficiência dos recursos, da variabilidade climática e da degradação ambiental. A adoção de práticas agrícolas sustentáveis e de inovações tecnológicas será fundamental para garantir a segurança alimentar e os meios de subsistência das gerações futuras.

A resposta a estes desafios exige uma abordagem holística que integre práticas sustentáveis, tecnologias inovadoras e intervenções políticas a nível local, nacional e global. Promovendo os princípios agroecológicos, investindo em investigação e desenvolvimento e fomentando a colaboração entre sectores, podemos criar um sistema alimentar mais resistente, equitativo e sustentável para o futuro.

Sublinhar a necessidade de soluções inovadoras para enfrentar estes desafios.

Os desafios prementes enfrentados pela agricultura tradicional exigem soluções inovadoras (**Figura 2.2**) para garantir a sustentabilidade, a resiliência e a produtividade dos nossos sistemas alimentares. Eis porque é que as abordagens inovadoras são essenciais:

Eficiência dos recursos: As tecnologias e práticas inovadoras podem otimizar a utilização de recursos como a água, a terra e a energia na agricultura. As técnicas de agricultura de precisão, incluindo os sistemas de irrigação baseados em sensores e a monitorização assistida por drones, permitem aos agricultores aplicar os factores de produção de forma mais eficiente, reduzindo o desperdício e o impacto ambiental e maximizando os rendimentos.

Fig. 2.2: Solução inovadora para a agricultura

Adaptação ao clima: Com as alterações climáticas a exacerbar a variabilidade climática e os fenómenos extremos, são necessárias soluções inovadoras para ajudar os agricultores a adaptarem-se às condições variáveis. Isto inclui o desenvolvimento de variedades de culturas resistentes ao clima através de técnicas de melhoramento avançadas e a adoção de práticas agroecológicas que melhorem a saúde do solo, a retenção de água e a biodiversidade, tornando os sistemas agrícolas mais resistentes a secas, inundações e ondas de calor.

Gestão da água: Estratégias inovadoras de gestão da água, como a irrigação por gotejamento, a recolha de águas pluviais e a reciclagem de águas residuais, podem ajudar a resolver a escassez de água na agricultura. Os sistemas de irrigação inteligentes equipados com sensores e algoritmos de IA permitem um controlo preciso do fornecimento de água, reduzindo a utilização excessiva e minimizando o escoamento, ao mesmo tempo que melhoram o rendimento das culturas e a produtividade da água: Práticas inovadoras de gestão do solo, como a agricultura de conservação, as culturas de cobertura e a agrossilvicultura, promovem a saúde e a fertilidade do solo, mitigando a erosão, o esgotamento de nutrientes e a compactação do solo. Estas práticas regenerativas aumentam o sequestro de carbono, melhoram a infiltração de água e apoiam diversas comunidades microbianas, conduzindo a ecossistemas agrícolas mais resistentes e produtivos: As abordagens inovadoras à conservação da biodiversidade na agricultura incluem a adoção de princípios agroecológicos, o planeamento à escala da paisagem e a integração de habitats naturais nas paisagens agrícolas. Ao promover práticas agrícolas favoráveis à biodiversidade, como a agricultura biológica, a recuperação de habitats e a gestão integrada de pragas, podemos melhorar os serviços dos ecossistemas, como a polinização, o controlo de pragas e a fertilidade do solo, salvaguardando simultaneamente a biodiversidade para as gerações futuras.

Avanços tecnológicos: Os avanços nas tecnologias digitais, na biotecnologia e na robótica oferecem novas oportunidades para enfrentar os desafios agrícolas e desbloquear ganhos de produtividade. Desde a edição de genes e a biologia sintética até aos drones autónomos e às ceifeiras robóticas, estas tecnologias têm o potencial de revolucionar as práticas agrícolas, reduzir a mão de obra e aumentar a eficiência, ao mesmo tempo que levantam considerações éticas e regulamentares que têm de ser cuidadosamente analisadas: São necessárias políticas e incentivos inovadores para facilitar a adoção de práticas agrícolas sustentáveis e promover o investimento em investigação, desenvolvimento e serviços de extensão. Isto inclui incentivos financeiros para os agricultores que fazem a transição para práticas regenerativas, quadros regulamentares que promovem a transparência e a responsabilidade nas cadeias de abastecimento alimentar e parcerias público-privadas que fomentam a colaboração e a partilha de conhecimentos entre sectores.Em conclusão, as soluções inovadoras são essenciais para enfrentar os desafios complexos com que se depara a agricultura tradicional e construir um sistema alimentar mais sustentável, resiliente e equitativo para o futuro. Ao aproveitar o poder da inovação, da colaboração e da ação colectiva, podemos criar um sector agrícola próspero que alimente tanto as pessoas como o planeta, garantindo simultaneamente a segurança alimentar, os meios de subsistência e o bem-estar das gerações vindouras.

CAPÍTULO 3

FUNDAMENTOS DA INTELIGÊNCIA ARTIFICIAL

A inteligência artificial, que engloba a inteligência artificial (IA), a aprendizagem automática (ML) e a análise de dados, oferece uma abordagem promissora para enfrentar estes desafios. Ao aproveitar o poder da tomada de decisões baseada em dados, da análise preditiva e da automatização, a inteligência artificial permite aos agricultores otimizar a utilização dos recursos, mitigar os riscos e melhorar o rendimento das culturas. Ao longo deste livro, examinamos as diversas aplicações da inteligência artificial na agricultura, desde a agricultura de precisão e a irrigação inteligente até à maquinaria autónoma e à gestão da cadeia de fornecimento. Os estudos de casos reais e as opiniões de especialistas fornecem exemplos práticos de como a inteligência artificial está a transformar as práticas agrícolas em diferentes contextos agrícolas.

Proporcionar uma compreensão fundamental da inteligência artificial e dos seus subdomínios, incluindo a aprendizagem automática e a inteligência artificial.

A inteligência artificial (**Figura 3.1**), um vasto domínio que engloba a inteligência artificial (IA) e o seu subconjunto, a aprendizagem automática (AM), revoluciona a forma como as máquinas percepcionam, aprendem e interagem com os dados e o mundo que as rodeia.

Inteligência Artificial (IA):

Definição: A IA refere-se ao desenvolvimento de sistemas informáticos capazes de realizar tarefas que normalmente requerem a inteligência humana. Estas tarefas incluem o raciocínio, a resolução de problemas, a perceção, a compreensão da linguagem natural e a aprendizagem.

Abordagens: A IA engloba várias abordagens, incluindo sistemas baseados em regras, sistemas especializados, IA simbólica e métodos estatísticos.

Aplicações: A IA encontra aplicações em numerosos domínios, incluindo a robótica, o processamento de linguagem natural, a visão por computador, os veículos autónomos, os cuidados de saúde, as finanças e os jogos.

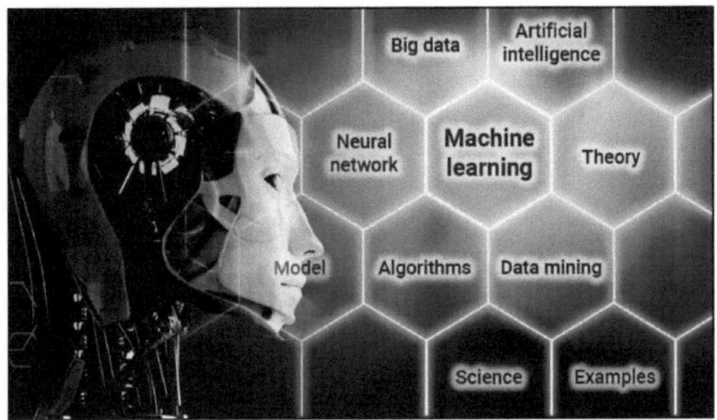

Fig. 3.1: Compreensão da inteligência artificial Aprendizagem automática (ML):

Definição: O ML é um subconjunto da IA que se centra no desenvolvimento de algoritmos e modelos estatísticos que permitem aos computadores aprender e fazer previsões ou tomar decisões com base em dados.

Tipos de aprendizagem:

Aprendizagem supervisionada: Os algoritmos aprendem com dados rotulados, fazendo previsões ou tomando decisões com base em pares de entrada-saída.

Aprendizagem não supervisionada: Os algoritmos aprendem com dados não rotulados para descobrir padrões, relações ou estruturas nos dados.

Aprendizagem por reforço: Os algoritmos aprendem por tentativa e erro, interagindo com um ambiente para maximizar as recompensas cumulativas.

Algoritmos: Os algoritmos de ML incluem regressão linear, árvores de decisão, máquinas de vectores de apoio, redes neuronais, algoritmos de agregação e algoritmos de aprendizagem por reforço.

Aplicações: O ML é amplamente utilizado em tarefas como o reconhecimento de imagens e de voz, sistemas de recomendação, deteção de fraudes, diagnóstico médico, veículos autónomos e processamento de linguagem natural.

Aprendizagem profunda:

Definição: A aprendizagem profunda é um subconjunto do ML que envolve o treino de redes neuronais artificiais com várias camadas (arquitecturas profundas) para aprender representações de dados através da aprendizagem hierárquica de características.

Arquitetura: As arquitecturas de aprendizagem profunda, como as redes neuronais convolucionais (CNN) para o processamento de imagens, as redes neuronais recorrentes (RNN) para a modelação de sequências e os modelos de transformação para o processamento de linguagem natural, alcançaram um desempenho notável em várias tarefas.

Aplicações: A aprendizagem profunda tem impulsionado avanços em áreas como a visão computacional, o reconhecimento da fala, a compreensão da linguagem natural e a modelação generativa.

Redes Neuronais:

Definição: As redes neuronais são modelos computacionais inspirados na estrutura e função das redes neuronais biológicas do cérebro humano. São constituídos por nós interligados (neurónios) organizados em camadas, em que cada neurónio efectua cálculos e comunica com neurónios de camadas adjacentes.

Tipos: As arquitecturas das redes neuronais incluem redes neuronais feedforward, redes neuronais recorrentes (RNN), redes neuronais convolucionais (CNN) e modelos de transformadores.

Treinamento: As redes neuronais são treinadas utilizando algoritmos de otimização, como o gradiente descendente e a retropropagação, em que a rede aprende a ajustar os seus parâmetros (pesos e enviesamentos) para minimizar os erros de previsão.

Aplicações: As redes neuronais são utilizadas em várias aplicações de IA e ML, incluindo reconhecimento de imagem e de voz, processamento de linguagem natural, veículos autónomos, robótica e cuidados de saúde.

Em resumo, a inteligência artificial, que engloba a inteligência artificial, a aprendizagem automática e a aprendizagem profunda, permite que os computadores imitem a inteligência humana, aprendam com os dados e executem tarefas complexas em diversos domínios, revolucionando as indústrias e fazendo avançar a tecnologia.

Explicar como estas tecnologias podem ser aplicadas à agricultura para a tomada de decisões baseadas em dados.

As tecnologias de inteligência artificial, incluindo a inteligência artificial (IA), a aprendizagem automática (ML) e a análise de dados, oferecem um enorme potencial para revolucionar a agricultura, permitindo a tomada de decisões baseadas em dados em vários aspectos da agricultura e da produção alimentar (**Figura 3.2**). Eis como estas tecnologias podem ser aplicadas na agricultura:

Agricultura de precisão:

Análise de dados de sensores: Os algoritmos de IA e ML podem analisar dados de sensores instalados nos campos para monitorizar os níveis de humidade do solo, a temperatura, as concentrações de nutrientes e a saúde das culturas em tempo real. Estes dados ajudam os agricultores a tomar decisões precisas sobre a programação da irrigação, a aplicação de fertilizantes e a gestão de pragas, optimizando a utilização de recursos e maximizando os rendimentos.

Imagens de satélite: As técnicas de deteção remota, combinadas com algoritmos de IA, permitem a análise de imagens de satélite para monitorizar o crescimento das culturas, detetar anomalias, como infestações de pragas ou doenças, e avaliar as condições dos campos em grandes áreas agrícolas.

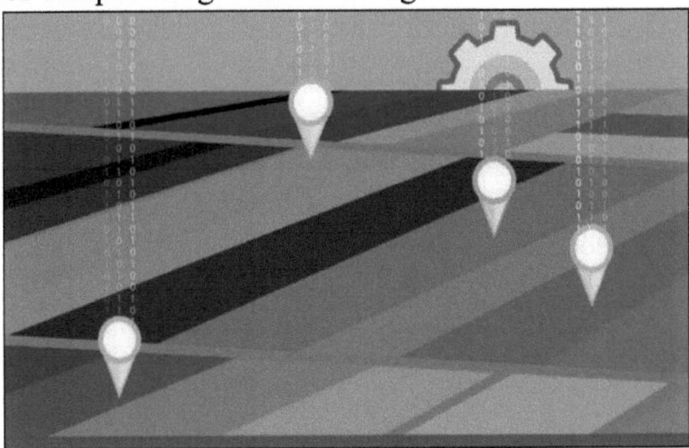

Fig. 3.2: Agricultura baseada em dados

Esta informação orienta os agricultores em intervenções específicas e práticas de gestão.

Gestão das culturas:

Análise preditiva: Os modelos de ML treinados com base em dados históricos, previsões meteorológicas e modelos de crescimento de culturas podem prever os melhores tempos de plantação, expectativas de rendimento e surtos de pragas. Estas análises preditivas ajudam os agricultores a tomar decisões informadas sobre a seleção de culturas, calendários de plantação e estratégias de controlo de pragas, mitigando os riscos e optimizando a produtividade. Deteção de doenças e pragas: Os algoritmos de visão por computador podem analisar imagens de culturas capturadas por drones ou câmaras para detetar sinais de doenças, pragas ou deficiências de nutrientes. A deteção precoce permite intervenções atempadas, como a aplicação de pesticidas direccionados ou a pulverização de precisão, minimizando as perdas de colheitas e reduzindo os consumos químicos.

Otimização da cadeia de fornecimento:

Previsão da procura: Os algoritmos de ML podem analisar dados de mercado, tendências de consumo e vendas históricas para prever com exatidão a procura de produtos agrícolas. Esta informação ajuda os agricultores e os produtores de alimentos a otimizar os calendários de produção, a gestão do inventário e a logística de distribuição, garantindo a entrega atempada de produtos frescos para satisfazer a procura dos consumidores. Controlo de qualidade: Os sistemas alimentados por IA podem monitorizar e analisar dados de sensores instalados em instalações de armazenamento, veículos de transporte e fábricas de processamento para garantir a segurança alimentar, padrões de qualidade e conformidade com os regulamentos. Os sistemas de inspeção automatizados detectam defeitos, contaminantes ou deterioração, prevenindo doenças de origem alimentar e reduzindo o desperdício de alimentos ao longo da cadeia de abastecimento.

Gestão de recursos:

Eficiência hídrica e energética: Os algoritmos de IA optimizam a utilização de recursos hídricos e energéticos na agricultura, analisando dados de sensores IoT, previsões meteorológicas e sensores de humidade do solo. Os sistemas de irrigação inteligentes ajustam os horários de rega com base nas condições em tempo real, reduzindo o desperdício de água e o consumo de energia, mantendo a saúde das culturas. Monitorização da saúde do solo: Os modelos de ML podem avaliar indicadores de saúde do solo, como o teor de matéria orgânica, os níveis de nutrientes e a atividade microbiana, utilizando dados de sensores de solo e análises laboratoriais. Estes conhecimentos informam as práticas de gestão do solo, como a cultura de cobertura, a rotação de culturas e a gestão de nutrientes de precisão, para melhorar a fertilidade e a sustentabilidade do solo.

Sistemas de apoio à decisão:

Software de gestão agrícola: Os sistemas de apoio à decisão alimentados por IA fornecem aos agricultores recomendações personalizadas e conhecimentos com base nas suas condições agronómicas específicas, preferências de culturas e objectivos comerciais. Estas ferramentas de software integram dados de várias fontes, incluindo previsões meteorológicas, testes de solo e modelos de culturas, para ajudar os agricultores a tomar decisões informadas sobre a plantação, a colheita e as rotações de culturas, optimizando a rentabilidade e a sustentabilidade das explorações agrícolas.

Ao aproveitar o poder da inteligência artificial e da análise de dados, a agricultura pode fazer a transição para práticas agrícolas mais sustentáveis, eficientes e resilientes, garantindo a segurança alimentar, a gestão ambiental e a viabilidade económica dos agricultores e das comunidades em todo o mundo.

CAPÍTULO 4

AGRICULTURA DE PRECISÃO

A agricultura de precisão, uma pedra angular da agricultura moderna, baseia-se na tecnologia e na análise de dados para otimizar as práticas agrícolas e maximizar a eficiência. Ao utilizar ferramentas como GPS, sensores e drones, a agricultura de precisão permite aos agricultores tomar decisões informadas e adaptadas às necessidades específicas de cada cultura e campo. A aplicação de insumos a taxas variáveis, a gestão orientada de pragas e a programação optimizada da irrigação são algumas das principais práticas da agricultura de precisão. Estas técnicas não só melhoram o rendimento e a qualidade das culturas, como também minimizam a utilização de recursos e o impacto ambiental. Através da agricultura de precisão, os agricultores podem alcançar uma maior produtividade, rentabilidade e sustentabilidade nas suas operações.

Explorar o conceito de agricultura de precisão e a sua implementação através da inteligência artificial.

A agricultura de precisão (**Figura 4.1**), também conhecida como agricultura de precisão ou agricultura inteligente, é uma abordagem à gestão agrícola que utiliza tecnologia, dados e análises para otimizar os factores de produção, maximizar os rendimentos e minimizar o desperdício. O objetivo da agricultura de precisão é adaptar as práticas agrícolas às condições específicas do terreno, às necessidades das culturas e aos factores ambientais, aumentando assim a eficiência, a produtividade e a sustentabilidade. A inteligência artificial desempenha um papel crucial na implementação da agricultura de precisão, permitindo a tomada de decisões baseada em dados e a automatização das operações agrícolas. Eis como a agricultura de precisão é implementada através da inteligência artificial:

Recolha e análise de dados:

Tecnologias de sensores: A agricultura de precisão baseia-se em várias tecnologias de sensores, incluindo sensores de humidade do solo, estações meteorológicas, drones, satélites e dispositivos IoT, para recolher dados sobre o solo, o clima, a saúde das culturas e as condições do campo: Os algoritmos de aprendizagem automática são utilizados para analisar grandes quantidades de dados recolhidos a partir de sensores, registos históricos e imagens de satélite. Estes algoritmos podem identificar padrões, tendências e correlações nos dados para gerar informações accionáveis para os agricultores.

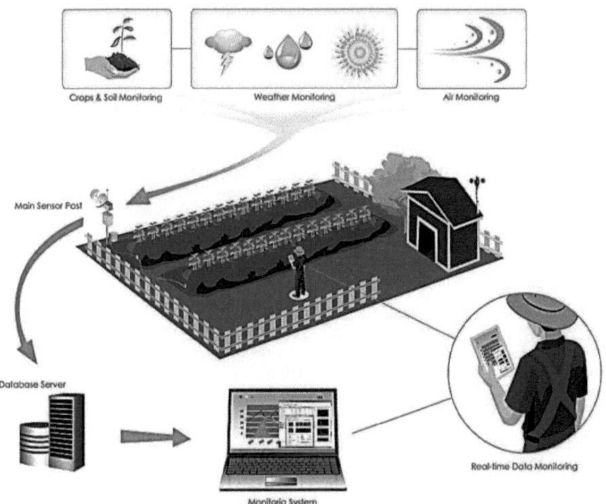

Fig. 4.1: Agricultura de precisão Gestão específica do local: Tecnologia de taxa variável (VRT): A inteligência artificial permite a implementação da VRT, em que insumos como água, fertilizantes, pesticidas e sementes são aplicados a taxas variáveis num campo com base na variabilidade espacial das propriedades do solo, topografia e requisitos da cultura. Os algoritmos de ML criam mapas de prescrição que orientam a maquinaria automatizada para aplicar insumos precisamente onde são necessários, optimizando a utilização de recursos e minimizando o impacto ambiental.

Plantação e sementeira de precisão: O equipamento de plantação e sementeira com IA pode ajustar a profundidade de plantação, o espaçamento e as taxas de sementes em tempo real com base nas condições do solo, níveis de humidade e qualidade das sementes. Esta plantação de precisão garante uma emergência uniforme da cultura, maximiza a densidade das plantas e melhora o potencial de rendimento.

Monitorização e gestão das culturas:

Deteção remota: Os algoritmos de aprendizagem automática analisam dados de deteção remota, como imagens de satélite e fotografias aéreas, para monitorizar o crescimento das culturas, detetar pragas, doenças e ervas daninhas e avaliar as condições do campo. As técnicas de visão por computador identificam anomalias e áreas de preocupação, permitindo intervenções e práticas de gestão direccionadas.

Gestão de doenças e pragas: Os sistemas baseados em IA monitorizam a atividade dos insectos, os surtos de doenças e as infestações de ervas daninhas utilizando sensores, câmaras e drones. Os modelos ML prevêem as pressões das pragas e recomendam medidas de controlo adequadas, como a pulverização de precisão ou os controlos biológicos, para minimizar os danos nas culturas e reduzir a utilização de pesticidas.

Máquinas e robótica autónomas:

Veículos autónomos: A inteligência artificial alimenta tractores, ceifeiras e drones autónomos que podem navegar nos campos, executar tarefas e recolher dados sem intervenção humana. Estes sistemas robóticos utilizam sensores, GPS e algoritmos de IA para se orientarem com precisão, evitarem obstáculos e executarem tarefas predefinidas, como a plantação, a pulverização e a colheita, com precisão e eficiência. Controlo robótico de ervas daninhas: Os sistemas robóticos orientados por IA podem identificar e remover seletivamente as ervas daninhas dos campos utilizando câmaras, sensores e braços robóticos. Estas tecnologias de controlo de ervas daninhas de precisão minimizam a utilização de herbicidas, reduzem os custos de mão de obra e aumentam a eficácia da gestão de ervas daninhas.

Sistemas de apoio à decisão:

Software de gestão agrícola: A inteligência artificial está integrada em plataformas de software de gestão agrícola que fornecem aos agricultores dados, análises e recomendações em tempo real para a tomada de decisões. Estes sistemas de apoio à decisão têm em conta factores como as previsões meteorológicas, os níveis de humidade do solo, os modelos de culturas e os preços de mercado para otimizar as operações agrícolas e maximizar a rentabilidade. Em resumo, a agricultura de precisão utiliza a inteligência artificial para transformar as práticas agrícolas das abordagens tradicionais de tamanho único em estratégias específicas e baseadas em dados. Ao aproveitar o poder da IA, do ML e da robótica, a agricultura de precisão optimiza a utilização dos recursos, minimiza o impacto ambiental e aumenta a produtividade e a sustentabilidade na agricultura.

Discutir a utilização de sensores, drones e imagens de satélite para a recolha e análise de dados.

Os sensores, os drones e as imagens de satélite são ferramentas valiosas utilizadas na agricultura para a recolha e análise de dados, permitindo aos agricultores monitorizar as condições do campo, avaliar a saúde das culturas e tomar decisões informadas sobre a gestão dos recursos (**Figura 4.2**). Eis como cada tecnologia é utilizada:

Sensores:

Sensores de solo: Os sensores do solo medem parâmetros como o teor de humidade, a temperatura, os níveis de pH e as concentrações de nutrientes no solo. Estes dados ajudam os agricultores a determinar os calendários de irrigação, as aplicações de fertilizantes e as alterações do solo necessárias para otimizar o crescimento e o rendimento das culturas. Estações meteorológicas: As estações meteorológicas recolhem dados sobre a temperatura, humidade, velocidade do vento, precipitação e radiação solar no ambiente circundante. Esta informação é fundamental para monitorizar os padrões climáticos, prever eventos climáticos e implementar estratégias de irrigação e gestão de pragas baseadas no clima.

Fig. 4.2: Agricultura de base tecnológica

Sensores de culturas: Os sensores de culturas, também conhecidos como sensores de copa ou medidores de folhas, medem vários parâmetros relacionados com a saúde e o vigor das culturas, como o teor de clorofila das folhas, a temperatura da copa e os níveis de azoto. Ao analisar estas medições, os agricultores podem avaliar o estado dos nutrientes das culturas, detetar condições de stress e ajustar as aplicações de fertilizantes em conformidade.

Drones (Veículos Aéreos Não Tripulados - UAVs):

Imagiologia: Os drones equipados com câmaras, sensores multiespectrais e sensores hiperespectrais captam imagens de alta resolução dos campos a partir de cima. Estas imagens fornecem informações valiosas sobre a saúde das culturas, padrões de crescimento, infestações de pragas e distribuição de ervas daninhas em grandes áreas agrícolas. Cartografia e levantamento topográfico: Os drones criam mapas detalhados e modelos 3D dos campos, permitindo aos agricultores identificar a variabilidade do solo, características topográficas, padrões de drenagem e áreas de interesse. Esta informação espacial orienta as práticas agrícolas de precisão, como a aplicação de insumos a taxas variáveis e o nivelamento do terreno para a gestão da irrigação.

Monitorização e vigilância: Os drones podem ser utilizados para a monitorização e vigilância em tempo real de culturas, gado e infra-estruturas na exploração agrícola. Podem detetar anomalias, avaliar os danos causados às culturas por pragas ou doenças e identificar potenciais perigos ou ameaças à segurança, permitindo intervenções atempadas e a redução dos riscos.

Imagens de satélite:

Deteção remota: Os satélites equipados com sensores ópticos, sensores térmicos e sensores de radar captam imagens de paisagens agrícolas a partir do espaço. Estas imagens fornecem uma cobertura abrangente de grandes áreas geográficas e são utilizadas para a monitorização de culturas, cartografia da utilização dos solos e monitorização ambiental. Análise temporal: As imagens de satélite permitem a análise de alterações temporais na saúde da vegetação, na cobertura do solo e nas condições ambientais ao longo do tempo. A análise de séries temporais ajuda os agricultores a seguir as fases de crescimento das culturas, a detetar tendências sazonais e a avaliar o impacto das práticas de gestão na produtividade agrícola: As imagens de satélite permitem a análise espacial das características dos campos, tais como tipos de solo, disponibilidade de água e índices de vegetação. Em resumo, os sensores, os drones e as imagens de satélite são ferramentas indispensáveis para a recolha e análise de dados na agricultura, fornecendo aos agricultores informações valiosas para otimizar a utilização dos recursos, melhorar as práticas de gestão das culturas e aumentar a produtividade e a sustentabilidade na exploração agrícola. Ao aproveitar o poder destas tecnologias, os agricultores podem tomar decisões mais informadas e obter melhores resultados nas suas actividades agrícolas.

Apresentar exemplos reais de agricultura de precisão que melhoram a gestão dos recursos.

Com certeza! Eis alguns exemplos do mundo real que mostram como a agricultura de precisão (**Figura 4.3**) melhora a gestão dos recursos na agricultura:

Fig. 4.3: Agricultura de precisão no mundo real Gestão da água: Exemplo: A utilização de sensores de humidade do solo e de sistemas de irrigação de precisão ajuda os agricultores a otimizar a utilização da água nas vinhas.

Implementação: Os sensores de humidade do solo são colocados a várias profundidades do solo para medir os níveis de humidade. Com base nos dados em tempo real destes sensores e nas previsões meteorológicas, os sistemas de rega de precisão fornecem água diretamente à zona das raízes apenas quando e onde é necessária, reduzindo o desperdício de água e melhorando a sua eficiência.

Benefícios: A rega de precisão minimiza o consumo de água, reduz o risco de rega excessiva ou insuficiente e mantém os níveis de humidade do solo ideais para o crescimento das culturas. Isto resulta em vinhas mais saudáveis, melhor qualidade da uva e poupança de água para o agricultor.

Gestão de nutrientes:

Exemplo: Fertilização de taxa variável na agricultura de culturas em linha.

Implementação: Os sensores do solo e os monitores de rendimento recolhem dados sobre os níveis de nutrientes do solo e a variabilidade do rendimento das culturas nos campos. Os algoritmos de ML analisam estes dados para gerar mapas de prescrição que orientam as aplicações de fertilizantes de taxa variável.

Benefícios: Ao aplicar fertilizantes a taxas variáveis com base nos níveis de nutrientes do solo e nas necessidades das culturas, os agricultores podem otimizar a absorção de nutrientes, minimizar o escoamento de nutrientes e reduzir os custos dos fertilizantes. Esta abordagem direccionada melhora a eficiência dos nutrientes, aumenta o rendimento das culturas e reduz o impacto ambiental.

Gestão de pragas:

Exemplo: Pulverização de precisão para controlar as ervas daninhas nos pomares.

Implementação: Drones equipados com câmaras e algoritmos de IA analisam imagens de pomares para detetar infestações de ervas daninhas. Em seguida, pulverizadores guiados por GPS aplicam herbicidas apenas nas áreas onde as ervas daninhas estão presentes, evitando pulverizações desnecessárias em áreas sem ervas daninhas.

Vantagens: A pulverização de precisão reduz a utilização de herbicidas, minimiza a deriva de produtos químicos e atenua o desenvolvimento de ervas daninhas resistentes a herbicidas. Esta abordagem orientada melhora a eficácia do controlo das ervas daninhas, reduz os custos dos factores de produção e reduz a contaminação ambiental.

Conservação de terras:

Exemplo: Práticas de lavoura de conservação na agricultura de culturas em linha.

Implementação: Os tractores e alfaias guiados por GPS permitem aos agricultores adotar práticas de lavoura de conservação, como o plantio direto ou a lavoura reduzida, que perturbam menos o solo e deixam os resíduos das culturas à superfície. Os sensores de solo monitorizam os indicadores de saúde do solo, como o teor de matéria orgânica e os níveis de compactação, para avaliar o impacto da lavoura de conservação na qualidade do solo: As práticas de lavoura de conservação melhoram a estrutura do solo, aumentam a infiltração de água e reduzem a erosão do solo e o escoamento de nutrientes. Ao minimizar a perturbação do solo, estas práticas melhoram a saúde do solo, a biodiversidade e o sequestro de carbono, contribuindo para a sustentabilidade a longo prazo e a resiliência da agricultura. Estes exemplos demonstram como as tecnologias de agricultura de precisão melhoram a gestão dos recursos na agricultura, optimizando a utilização da água, a aplicação de nutrientes, o controlo de pragas e as práticas de conservação do solo. Ao implementar estratégias de gestão orientadas por dados e específicas para cada local, os agricultores podem aumentar a produtividade, a rentabilidade e a gestão ambiental nas suas explorações.

CAPÍTULO 5

SISTEMAS AGRÍCOLAS INTELIGENTES

Os sistemas agrícolas inteligentes integram tecnologia, análise de dados e automação para monitorizar, gerir e otimizar as operações agrícolas em tempo real. Através da implementação de sensores, dispositivos IoT e maquinaria conectada, os sistemas agrícolas inteligentes recolhem e analisam dados sobre as condições do solo, padrões climáticos, saúde das culturas e desempenho do equipamento. Esta abordagem baseada em dados permite que os agricultores tomem decisões proactivas, como ajustar os horários de irrigação, aplicar fertilizantes ou detetar sinais precoces de infestações de pragas. Ao tirar partido dos sistemas agrícolas inteligentes, os agricultores podem melhorar a produtividade, reduzir os custos e aumentar a sustentabilidade na agricultura, ao mesmo tempo que permitem a monitorização e o controlo remotos para uma maior eficiência e comodidade.

Aprofundar a integração da inteligência artificial na criação de sistemas agrícolas inteligentes.

A integração da inteligência artificial desempenha um papel central na criação de sistemas agrícolas inteligentes (**Figura 5.1**), que tiram partido de tecnologias avançadas para otimizar as práticas agrícolas, aumentar a eficiência e promover a sustentabilidade. Eis como a inteligência artificial é integrada nos sistemas agrícolas inteligentes:

Recolha e análise de dados:

Tecnologias de sensores: Os sistemas agrícolas inteligentes utilizam sensores para recolher dados em tempo real sobre vários parâmetros agrícolas, incluindo a humidade do solo, a temperatura, a humidade, os níveis de pH, a saúde das culturas e as condições ambientais. Estes sensores são integrados em redes IoT (Internet das Coisas), permitindo uma monitorização e recolha de dados contínuas.

Algoritmos de aprendizagem automática: Os algoritmos de aprendizagem automática analisam a vasta quantidade de dados recolhidos por sensores, satélites, drones e outras fontes para identificar padrões, tendências e correlações. Estes algoritmos podem gerar conhecimentos e recomendações accionáveis para os agricultores, tais como calendários de irrigação optimizados, aplicações de fertilizantes, estratégias de gestão de pragas e tempo de colheita.

Fig. 5.1: Agricultura inteligente

Sistemas de apoio à decisão:

Software de gestão agrícola: Os sistemas agrícolas inteligentes incluem plataformas de software de gestão agrícola que fornecem aos agricultores interfaces de fácil utilização para aceder e visualizar dados, monitorizar as condições do campo e tomar decisões informadas. Estes sistemas de apoio à decisão integram capacidades de inteligência artificial, como a análise preditiva e os algoritmos de otimização, para ajudar os agricultores a planear, programar e executar operações agrícolas.

Análise prescritiva: Os modelos de aprendizagem automática geram recomendações prescritivas com base em dados históricos, previsões meteorológicas, modelos de culturas e conhecimentos agronómicos. Estas recomendações orientam os agricultores na implementação de intervenções precisas e atempadas, tais como aplicações de insumos a taxas variáveis, medidas de controlo de pragas direccionadas e estratégias de rotação de culturas adaptadas às condições específicas do campo.

Automação e robótica:

Veículos autónomos: Os sistemas agrícolas inteligentes utilizam veículos autónomos, tais como tractores robóticos, ceifeiras e drones, equipados com sensores, GPS e algoritmos de IA. Estes sistemas autónomos podem executar tarefas como plantar, semear, pulverizar, monitorizar e vigiar com precisão e eficiência, reduzindo as necessidades de mão de obra e os custos operacionais.

Sistemas Robóticos: As tecnologias robóticas são utilizadas para tarefas como a monda, a poda, a colheita e a seleção automatizadas na horticultura e na produção de culturas especializadas. Estes sistemas robóticos utilizam a visão artificial, a aprendizagem artificial e os braços robóticos para executar tarefas delicadas e repetitivas com elevada precisão e consistência, melhorando a produtividade e o controlo de qualidade na exploração agrícola.

Monitorização e controlo remoto:

Deteção remota: Os sistemas agrícolas inteligentes utilizam tecnologias de deteção remota, incluindo imagens de satélite, drones aéreos e sensores terrestres, para monitorizar à distância as condições do campo e o desempenho das culturas. Os algoritmos de aprendizagem automática processam e analisam os dados de deteção remota para detetar anomalias, avaliar a saúde das culturas e identificar áreas de preocupação, permitindo intervenções e tomadas de decisão atempadas.

Alertas em tempo real: Os sistemas agrícolas inteligentes geram alertas e notificações em tempo real para que os agricultores possam responder a eventos críticos, como extremos climáticos, surtos de pragas ou falhas de equipamento. Estes alertas são entregues através de aplicações móveis ou painéis de controlo baseados na Web, permitindo que os agricultores tomem medidas imediatas para mitigar os riscos e minimizar as perdas.

Aprendizagem e melhoria contínuas:

Ciclos de feedback: Os sistemas agrícolas inteligentes incorporam circuitos de feedback para aprender continuamente e melhorar o desempenho ao longo do tempo. Os modelos de aprendizagem automática adaptam-se e aperfeiçoam as suas previsões com base em novos dados e no feedback dos agricultores, agrónomos e observações no terreno, conduzindo a melhorias iterativas na tomada de decisões e na eficiência operacional.

Controlo adaptativo: Os sistemas agrícolas inteligentes utilizam mecanismos de controlo adaptativo que ajustam as práticas agrícolas em tempo real com base na alteração das condições e no feedback dos sensores e actuadores. Estes sistemas adaptativos optimizam a utilização dos recursos, reduzem os riscos e maximizam a produtividade, respondendo de forma dinâmica à variabilidade e incerteza ambientais.

Em resumo, a integração da inteligência artificial nos sistemas agrícolas inteligentes permite a tomada de decisões com base em dados, a automatização das operações agrícolas e a otimização contínua das práticas agrícolas. Ao tirar partido de tecnologias avançadas, como sensores, algoritmos de IA e robótica, os sistemas agrícolas inteligentes permitem aos agricultores aumentar a eficiência, a sustentabilidade e a resiliência da agricultura, ao mesmo tempo que enfrentam os desafios de alimentar uma população global em crescimento.

Discutir o papel dos dispositivos da Internet das Coisas (IoT) e da conetividade na otimização das operações agrícolas.

A Internet das Coisas (IoT) desempenha um papel crucial na otimização das operações agrícolas, ligando dispositivos físicos, sensores e equipamento à Internet, permitindo a recolha de dados, a monitorização e o controlo dos processos agrícolas (**Figura 5.2**). Eis como os dispositivos IoT e a conetividade contribuem para otimizar as operações agrícolas:

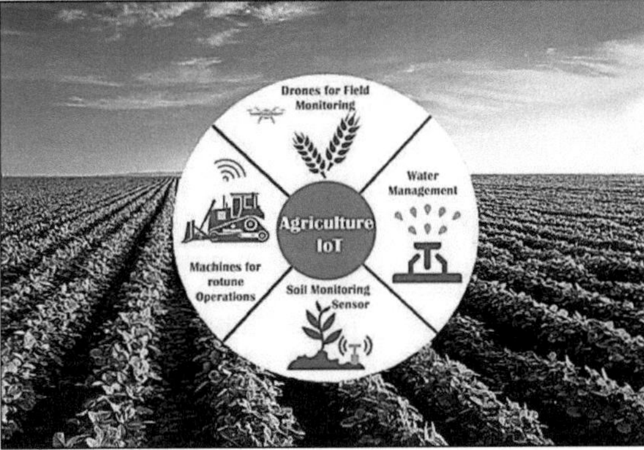

Fig. 5.2: Agricultura com monitorização e recolha de dados IoT em tempo real: Os dispositivos IoT, como os sensores de humidade do solo, as estações meteorológicas e os localizadores GPS, recolhem continuamente dados sobre vários parâmetros agrícolas, incluindo as condições do solo, os padrões meteorológicos, a saúde das culturas e o estado do equipamento.

Esta monitorização em tempo real fornece aos agricultores informações actualizadas sobre as condições do campo, permitindo-lhes tomar decisões informadas sobre a programação da rega, aplicações de fertilizantes, gestão de pragas e tempo de colheita.

Agricultura de precisão:

Os sensores IoT implantados nos campos permitem práticas de agricultura de precisão, fornecendo dados espacial e temporalmente pormenorizados sobre a variabilidade do solo, o crescimento das culturas e as condições ambientais.

Os agricultores podem utilizar estes dados para criar mapas de prescrição para a aplicação de taxas variáveis de insumos, tais como água, fertilizantes e pesticidas, optimizando a utilização de recursos e maximizando os rendimentos.

Gestão e controlo remoto:

A conetividade IoT permite aos agricultores monitorizar e controlar remotamente as operações agrícolas a partir de qualquer lugar com acesso à Internet, utilizando smartphones, tablets ou computadores.

Esta capacidade de gestão remota permite aos agricultores ajustar os calendários de rega, ativar ou desativar equipamento e receber alertas e notificações sobre eventos críticos em tempo real, melhorando a eficiência operacional e a capacidade de resposta.

Automação e sistemas autónomos:

Os sistemas de automação com base na IoT automatizam tarefas e processos de rotina na exploração agrícola, como a irrigação, a fertirrigação e a alimentação do gado.

Os sistemas autónomos, como tractores robóticos, drones e ceifeiras, utilizam a conetividade IoT para navegar nos campos, executar tarefas e recolher dados sem intervenção humana, reduzindo os requisitos de mão de obra e aumentando a eficiência operacional.

Análise preditiva e apoio à decisão:

Os dados da IoT, combinados com algoritmos de aprendizagem automática, permitem análises preditivas e sistemas de apoio à decisão que fornecem aos agricultores informações e recomendações para otimizar as operações agrícolas.

Estes sistemas analisam dados históricos, previsões meteorológicas e leituras de sensores para prever o rendimento das colheitas, surtos de pragas, falhas de equipamento e tendências de mercado, ajudando os agricultores a tomar decisões proactivas para reduzir os riscos e maximizar a rentabilidade.

Integração da cadeia de abastecimento:

Os dispositivos IoT seguem e rastreiam os produtos agrícolas desde a exploração agrícola até à mesa, proporcionando visibilidade e transparência em toda a cadeia de abastecimento. Os agricultores podem utilizar sistemas de rastreabilidade com base na IoT para monitorizar a qualidade dos produtos, acompanhar os níveis de inventário e garantir a conformidade com a segurança alimentar e as normas regulamentares, melhorando a qualidade dos produtos e a confiança dos consumidores.

Em resumo, os dispositivos IoT e a conetividade desempenham um papel transformador na otimização das operações agrícolas, permitindo a monitorização em tempo real, a agricultura de precisão, a gestão remota, a automação, a análise preditiva e a integração da cadeia de abastecimento. Ao aproveitar o poder da tecnologia IoT, os agricultores podem aumentar a produtividade, a sustentabilidade e a rentabilidade, ao mesmo tempo que enfrentam os desafios de alimentar uma população global em crescimento.

Apresentar estudos de casos que ilustrem a aplicação bem sucedida de tecnologias agrícolas inteligentes.

Com certeza! Seguem-se alguns estudos de caso que ilustram implementações bem sucedidas de tecnologias agrícolas inteligentes (**Figura 5.3**):

Fig. 5.3: Tecnologia de agricultura inteligente

Soluções agrícolas de precisão da John Deere:

Visão geral: A John Deere, um dos principais fabricantes de maquinaria agrícola, oferece uma gama de soluções de agricultura de precisão que tiram partido da IoT, da análise de dados e das tecnologias de automatização para otimizar as operações agrícolas.

Estudo de caso: Num estudo de caso, um agricultor de milho nos Estados Unidos implementou o sistema de plantação de precisão da John Deere, que inclui equipamento de plantação guiado por GPS e mapas de prescrição gerados por algoritmos de aprendizagem automática. Ao plantar sementes a taxas variáveis com base nas condições do solo e no potencial de rendimento, o agricultor conseguiu um aumento de 10% no rendimento e uma redução de 15% nos custos das sementes em comparação com os métodos de plantação convencionais.

Sistema inteligente de produção de leite da Connecterra:

Descrição geral: A Connecterra, uma startup sediada nos Países Baixos, desenvolveu um sistema inteligente de criação de gado leiteiro chamado "Ida". O Ida combina sensores IoT, dispositivos portáteis e algoritmos de aprendizagem automática para monitorizar o comportamento, a saúde e a produtividade das vacas em tempo real.

Estudo de caso: Uma exploração leiteira nos Países Baixos implementou o Ida para monitorizar a saúde e a fertilidade das suas vacas. Ao analisar os dados dos sensores montados no pescoço que monitorizam os níveis de atividade, os padrões de ruminação e o comportamento do cio, a exploração melhorou a precisão da deteção do cio em 90%, reduziu os custos veterinários em 20% e aumentou a produção de leite em 5%.

Plataforma de Monitorização de Árvores da SeeTree:

Descrição geral: A SeeTree, uma startup israelita, desenvolveu uma plataforma de monitorização de árvores que combina sensores IoT, drones e algoritmos de IA para monitorizar a saúde e a produtividade de pomares e vinhas.

Estudo de Caso: Um pomar de citrinos em Espanha implementou a plataforma SeeTree para monitorizar a saúde das árvores e otimizar a gestão da rega. Ao analisar dados de sensores de humidade do solo, imagens de drones e imagens de satélite, o pomar reduziu o uso de água em 30%, minimizou a lixiviação de nutrientes e aumentou a produção de frutos em 15%, mantendo a qualidade dos frutos.

Sistema robótico de monda da FarmWise:

Descrição geral: A FarmWise, uma empresa em fase de arranque sediada em São Francisco, desenvolveu um sistema robótico autónomo de monda que utiliza a visão por computador e a aprendizagem automática para detetar e remover ervas daninhas em campos de vegetais.

Estudo de caso: Uma quinta de legumes na Califórnia implementou o sistema robótico de monda da FarmWise para reduzir a dependência de herbicidas e de trabalho manual. Ao implementar frotas de robots equipados com câmaras e mondas mecânicas, a quinta reduziu a utilização de herbicidas em 90%, diminuiu os custos de mão de obra em 50% e aumentou o rendimento das colheitas em 20%.

Estes estudos de caso demonstram a implementação bem-sucedida de tecnologias de agricultura inteligente em vários sectores agrícolas, incluindo culturas em linha, produção de leite, pomares e produção de vegetais. Ao tirar partido da IoT, da análise de dados e da automatização, os agricultores podem otimizar a utilização de recursos, melhorar a produtividade e obter resultados sustentáveis e rentáveis nas suas explorações.

CAPÍTULO 6

MONITORIZAÇÃO DAS CULTURAS E DETECÇÃO DE DOENÇAS

A monitorização das culturas e a deteção de doenças com recurso à inteligência artificial envolvem a utilização de várias tecnologias, como a deteção remota, drones e visão por computador, para avaliar a saúde das culturas e identificar sinais de doenças ou infestações de pragas. Ao analisar imagens de satélite, dados multiespectrais ou fotografias de alta resolução, os agricultores podem detetar anomalias nos padrões de crescimento das culturas, na coloração das folhas ou na densidade da copa das árvores que podem indicar potenciais ameaças à saúde das culturas. Os algoritmos de aprendizagem automática podem então ser treinados para reconhecer sintomas específicos de doenças ou danos causados por pragas, permitindo a deteção precoce e a intervenção direccionada. A identificação atempada das doenças das culturas permite que os agricultores tomem medidas preventivas, como o ajuste da irrigação ou a aplicação de pesticidas, para minimizar as perdas de culturas e proteger o potencial de rendimento. Através da monitorização das culturas e da deteção de doenças utilizando a inteligência artificial, os agricultores podem melhorar a resiliência, reduzir os riscos e otimizar os resultados de rendimento na agricultura.

Examine como a inteligência artificial é aplicada para monitorizar o estado das culturas e detetar doenças.

A inteligência artificial é aplicada para monitorizar a saúde das culturas e detetar doenças através da integração de várias tecnologias, incluindo a deteção remota, o processamento de imagens, a aprendizagem automática e a análise de dados (**Figura 6.1**). Eis como a inteligência artificial é utilizada neste contexto:

Deteção remota:

Imagens de satélite: Os satélites equipados com sensores ópticos, multiespectrais e hiperespectrais captam imagens de paisagens agrícolas a partir do espaço. Estas imagens fornecem informações valiosas sobre a saúde das culturas, padrões de crescimento e condições ambientais em grandes áreas geográficas. Drones aéreos: Os drones equipados com câmaras e sensores multiespectrais captam imagens de alta resolução das culturas a partir de cima. Estas imagens oferecem informações detalhadas sobre a saúde das culturas, o estado dos nutrientes e as infestações de pragas ao nível do campo.

Sensores em terra: Os sensores IoT instalados nos campos medem vários parâmetros, como os níveis de clorofila, a temperatura da copa das árvores e o teor de humidade das plantas, fornecendo dados em tempo real sobre a saúde e o stress das culturas.

Fig. 6.1: Monitorização de doenças das culturas Processamento e análise de imagens:

Visão por computador: Os algoritmos de aprendizagem automática analisam imagens de culturas captadas por plataformas de deteção remota para detetar pistas visuais associadas à saúde das culturas e aos sintomas de doenças. Estes algoritmos utilizam técnicas como a deteção de objectos, a extração de características e o reconhecimento de padrões para identificar anomalias e avaliar o estado das culturas.

Extração de características: Os algoritmos de processamento de imagem extraem características das imagens das culturas, como a cor, a textura, a forma e o tamanho das folhas, que são indicativas de saúde, vigor e níveis de stress. Classificação e segmentação: Os modelos de aprendizagem automática classificam as imagens de culturas em diferentes categorias, como saudável, doente ou stressada, e segmentam regiões de interesse para identificar áreas afectadas por doenças ou pragas.

Modelos de aprendizagem automática:

Aprendizagem supervisionada: Os modelos de aprendizagem automática são treinados em conjuntos de dados rotulados de imagens de culturas, em que cada imagem é anotada com informações sobre a saúde da cultura, a presença de doenças e a gravidade. Os algoritmos de aprendizagem supervisionada aprendem a classificar novas imagens com base na sua semelhança com os exemplos de treino.

Aprendizagem não supervisionada: Os modelos de aprendizagem automática também podem ser treinados em conjuntos de dados não rotulados para descobrir padrões, grupos ou anomalias em imagens de culturas sem conhecimento prévio dos sintomas da doença. Os algoritmos de aprendizagem não supervisionada identificam valores atípicos ou desvios das condições normais das culturas, indicando potenciais problemas de saúde: As arquitecturas de aprendizagem profunda, como as redes neurais convolucionais (CNN), são particularmente eficazes para tarefas de análise de imagens na agricultura. Estes modelos de aprendizagem profunda aprendem representações hierárquicas de imagens de culturas, permitindo a deteção e classificação precisas de doenças e pragas.

Fusão e integração de dados:

Fusão de dados de várias fontes: As técnicas de inteligência artificial integram dados de várias fontes, incluindo deteção remota, sensores terrestres, dados meteorológicos e registos agronómicos, para aumentar a precisão e a fiabilidade da monitorização do estado das culturas e da deteção de doenças. Análise temporal: Os modelos de aprendizagem automática analisam dados de séries temporais para acompanhar as alterações na saúde das culturas e a progressão das doenças ao longo do tempo, identificando tendências, padrões sazonais e ameaças emergentes.

Sistemas de apoio à decisão:

Sistemas de alerta: Os sistemas de inteligência artificial geram alertas e notificações em tempo real para que os agricultores, agrónomos e decisores políticos possam responder a surtos de doenças, infestações de pragas ou factores de stress ambiental nas culturas.

Motores de Recomendação: Os algoritmos de aprendizagem automática fornecem recomendações personalizadas e estratégias de gestão baseadas em avaliações da saúde das culturas, avaliações de risco de doenças e dados históricos. Estes motores de recomendação orientam os agricultores na implementação de intervenções específicas, como aplicações de pesticidas, ajustes de irrigação ou rotações de culturas, para mitigar os riscos de doenças e minimizar as perdas de rendimento. Em resumo, a inteligência artificial é aplicada para monitorizar a saúde das culturas e detetar doenças através da integração de técnicas de deteção remota, processamento de imagens, aprendizagem artificial e análise de dados. Ao tirar partido destas tecnologias, os agricultores podem conseguir uma deteção precoce de doenças, uma intervenção atempada e melhores práticas de gestão, conduzindo a uma maior produtividade das culturas, sustentabilidade e resiliência na agricultura.

Discutir a utilização da visão por computador e da análise de dados na identificação precoce de doenças.

A visão por computador e a análise de dados desempenham um papel fundamental na identificação precoce de doenças na agricultura, automatizando o processo de análise de imagens de culturas e detectando sinais subtis de doenças ou anomalias (**Figura 6.2**). Eis como a visão por computador e a análise de dados são utilizadas para a identificação precoce de doenças:

Aquisição e pré-processamento de imagens:

As imagens de alta resolução das culturas são captadas utilizando várias plataformas, como drones, satélites ou câmaras terrestres. Antes da análise, as imagens podem ser submetidas a etapas de pré-processamento, como a redução do ruído, o melhoramento da imagem e a normalização, para garantir a consistência e a qualidade.

Fig. 6.2: Identificação precoce de doenças Extração e representação de características Os algoritmos de visão por computador extraem características relevantes de imagens de culturas, tais como cor, textura, forma e estrutura.

Estas características são utilizadas para criar uma representação matemática das imagens, frequentemente sob a forma de vectores de características, que captam as características distintivas das culturas saudáveis e doentes.

Treino e validação do modelo:

As técnicas de aprendizagem supervisionada, como a aprendizagem profunda, são utilizadas para treinar modelos de aprendizagem automática em conjuntos de dados rotulados de imagens de culturas.

Durante o treino, os modelos aprendem a distinguir entre culturas saudáveis e doentes, analisando as características extraídas e as etiquetas correspondentes. Os modelos treinados são validados em conjuntos de dados separados para avaliar o seu desempenho e capacidade de generalização.

Deteção e classificação de doenças:

Uma vez treinados, os modelos de aprendizagem automática são utilizados para analisar novas imagens de culturas e detetar sinais de doenças ou anomalias.

Os modelos classificam as imagens em diferentes categorias com base na presença ou gravidade das doenças, tais como saudável, doente ou stressado. As técnicas de aprendizagem em conjunto, como a combinação de vários modelos ou algoritmos, podem ser utilizadas para melhorar a precisão e a robustez da deteção de doenças.

Limiarização e tomada de decisões:

As técnicas de limiarização são aplicadas aos resultados dos modelos de aprendizagem automática para determinar a probabilidade da presença de doenças nas imagens das culturas. São estabelecidas regras de decisão ou limiares para classificar as imagens como saudáveis ou doentes com base em critérios predefinidos, como a pontuação de confiança ou a probabilidade de saída dos modelos.

Geração e intervenção de alertas:

Os sistemas de alerta precoce podem desencadear intervenções específicas, como aplicações de pesticidas, estratégias de gestão de doenças ou inspecções de campo, para mitigar a propagação de doenças e minimizar as perdas de rendimento.

Análise de dados e percepções:

As técnicas de análise de dados são aplicadas para analisar os resultados dos processos de identificação de doenças, identificar padrões ou tendências na ocorrência de doenças e extrair informações accionáveis para a tomada de decisões. Os dados históricos sobre surtos de doenças, condições climatéricas, rotações de culturas e práticas de gestão são integrados e analisados para melhorar a previsão de doenças e a avaliação de riscos.

Em suma, a visão computacional e a análise de dados permitem a identificação precoce de doenças na agricultura, automatizando a análise de imagens de culturas, detectando sinais de doenças e fornecendo informações accionáveis para uma intervenção atempada. Ao tirar partido destas tecnologias, os agricultores podem detetar doenças nas suas fases iniciais, implementar estratégias de gestão direccionadas e minimizar o impacto das doenças no rendimento e na rentabilidade das culturas.

Apresentar os avanços no reconhecimento de imagens para diagnósticos de precisão.

Os avanços no reconhecimento de imagens para diagnósticos de precisão melhoraram significativamente a deteção e o diagnóstico de doenças em vários domínios, incluindo a medicina, a agricultura e a indústria transformadora (**Figura 6.3**). Eis alguns dos principais avanços que demonstram o progresso neste domínio:

Imagiologia médica:

Aprendizagem profunda em radiologia: Os algoritmos de aprendizagem profunda, nomeadamente as redes neuronais convolucionais (CNN), têm demonstrado um desempenho notável na análise de imagens médicas. As CNNs podem detetar e classificar com precisão anormalidades em modalidades de imagens médicas, como raios X, ressonâncias magnéticas, tomografias computadorizadas e mamografias.

Deteção de doenças: Foram desenvolvidos modelos de aprendizagem profunda para detetar e diagnosticar várias condições médicas, incluindo cancro do pulmão, retinopatia diabética, doença de Alzheimer e doenças cardiovasculares, a partir de imagens médicas com elevada precisão e sensibilidade.

Fig. 6.3: Reconhecimento de imagens para diagnósticos de precisão em fitopatologia:
Identificação automatizada de doenças: Algoritmos de aprendizagem automática, incluindo CNNs e arquitecturas de aprendizagem profunda, têm sido aplicados para identificar doenças de plantas a partir de imagens de folhas, caules e frutos capturadas no campo.

Monitorização das culturas: Técnicas avançadas de reconhecimento de imagem permitem a monitorização em tempo real da saúde das culturas e a deteção precoce de doenças, pragas e deficiências de nutrientes, permitindo aos agricultores implementar intervenções atempadas e otimizar as práticas de gestão das culturas.

Controlo da qualidade de fabrico:

Deteção de defeitos: Os sistemas de visão por computador equipados com algoritmos de aprendizagem profunda podem detetar defeitos e anomalias em produtos fabricados, tais como componentes electrónicos, peças automóveis e bens de consumo, a partir de imagens capturadas nas linhas de produção.

Garantia de qualidade: Os sistemas automatizados de reconhecimento de imagem garantem a qualidade do produto e a conformidade com as normas de fabrico, inspeccionando defeitos de superfície, precisão dimensional e integridade da montagem em tempo real.

Segurança e inspeção alimentar:

Deteção de agentes patogénicos de origem alimentar: As tecnologias de reconhecimento de imagem permitem a deteção e identificação rápidas de agentes patogénicos de origem alimentar, tais como Salmonella, E. coli e

Listeria, em amostras de alimentos, utilizando técnicas de microscopia e espetroscopia.

Classificação de qualidade: Os sistemas automatizados classificam e ordenam os produtos alimentares, tais como frutas, legumes e marisco, com base no seu aspeto visual, tamanho, cor e textura, garantindo a consistência e o cumprimento dos regulamentos de segurança alimentar.

Monitorização ambiental:

Avaliação da qualidade da água: Algoritmos de reconhecimento de imagem analisam imagens de satélite e imagens de drones para avaliar parâmetros de qualidade da água, como turbidez, níveis de clorofila e proliferação de algas, em lagos, rios e oceanos. Monitorização da poluição atmosférica: Os sistemas de visão computacional detectam e quantificam os níveis de poluição do ar, as concentrações de partículas e as fontes de emissão a partir de imagens capturadas por estações de monitorização ambiental e plataformas aéreas. Estes avanços no reconhecimento de imagem para diagnósticos de precisão demonstram o potencial das tecnologias de aprendizagem automática, aprendizagem profunda e visão computacional para revolucionar a deteção de doenças, o controlo de qualidade e a monitorização ambiental em vários domínios. Ao aproveitar o poder do reconhecimento de imagens, os investigadores, profissionais e indústrias podem melhorar a precisão, a eficiência e a tomada de decisões em diagnósticos e aplicações relacionadas com diagnósticos.

CAPÍTULO 7

MÁQUINAS AUTÓNOMAS E ROBÓTICA

A maquinaria autónoma e a robótica representam a vanguarda da inovação na agricultura, oferecendo o potencial para revolucionar as práticas agrícolas através da automação e da precisão. Estas tecnologias permitem que tarefas como a plantação, a colheita e a monda sejam realizadas de forma autónoma, reduzindo a necessidade de trabalho manual e aumentando a eficiência operacional. As máquinas autónomas, equipadas com sensores, GPS e algoritmos de IA, podem navegar pelos campos, monitorizar a saúde das culturas e tomar decisões em tempo real com base nas condições ambientais. A robótica, incluindo braços robóticos e drones, pode realizar tarefas delicadas, como a apanha de fruta ou a pulverização de culturas, com precisão e exatidão. Ao adotar a maquinaria autónoma e a robótica, os agricultores podem simplificar as operações, reduzir os custos de mão de obra e melhorar a produtividade, promovendo simultaneamente a sustentabilidade e a gestão ambiental na agricultura.

Explorar o desenvolvimento e a aplicação de máquinas autónomas na agricultura.

O desenvolvimento e a aplicação de máquinas autónomas (**Figura 7.1**) na agricultura transformaram as práticas agrícolas tradicionais, permitindo a automatização, a precisão e a eficiência em várias operações agrícolas. Eis uma visão geral do desenvolvimento e da aplicação de máquinas autónomas na agricultura:

Desenvolvimento de sistemas autónomos:

Avanços na robótica: O desenvolvimento de tecnologias robóticas, incluindo sensores, actuadores e sistemas de controlo, permitiu a criação de máquinas agrícolas autónomas.

Fig. 7.1: Máquinas autónomas na agricultura

Integração da IA e da aprendizagem automática: Os sistemas autónomos na agricultura tiram partido da inteligência artificial (IA) e dos algoritmos de aprendizagem automática para processar dados de sensores, navegar em ambientes e tomar decisões em tempo real.

Investigação em colaboração: A colaboração entre o meio académico, a indústria e as instituições de investigação tem impulsionado a inovação na agricultura autónoma, levando ao desenvolvimento de protótipos avançados e soluções comerciais.

Tipos de máquinas autónomas:

Tractores autónomos: Os tractores autónomos equipados com GPS, câmaras e algoritmos de IA podem executar tarefas como plantar, semear, lavrar e pulverizar com precisão e eficiência.

Robôs de colheita: Os robôs de colheita autónomos são concebidos para colher frutas, legumes e culturas especializadas com o mínimo de intervenção humana, melhorando a eficiência do trabalho e reduzindo os custos de colheita.

Robôs de monda e de pulverização: Os sistemas robóticos equipados com visão computorizada e IA podem identificar e remover ervas daninhas ou aplicar pesticidas com precisão, reduzindo a utilização de produtos químicos e minimizando o impacto ambiental.

Enxames de drones: Os enxames de drones equipados com sensores e câmaras podem realizar tarefas como a monitorização das culturas, a pulverização aérea e o mapeamento da agricultura de precisão em grandes áreas agrícolas.

Aplicações-chave na agricultura:

Agricultura de precisão: A maquinaria autónoma permite práticas de agricultura de precisão, como a aplicação de insumos a taxas variáveis, gestão específica do local e monitorização em tempo real das condições das culturas: Os sistemas autónomos reduzem a necessidade de mão de obra manual em tarefas repetitivas e fisicamente exigentes, tais como plantar, mondar e colher, levando a poupanças de custos e eficiências laborais.

Operações 24 horas por dia, 7 dias por semana: As máquinas autónomas podem funcionar de forma autónoma dia e noite, maximizando o tempo de atividade e a produtividade na exploração agrícola, especialmente durante períodos críticos como as épocas de plantação e colheita.

Recolha e análise de dados: Os sistemas autónomos recolhem dados de sensores, câmaras e outras fontes, fornecendo informações valiosas para a tomada de decisões e gestão agrícola, tais como mapeamento do rendimento, mapeamento do solo e monitorização da saúde das culturas.

Desafios e considerações:

Segurança: A segurança é uma preocupação primordial no desenvolvimento e implementação de maquinaria autónoma, exigindo mecanismos robustos de segurança contra falhas, sistemas de prevenção de colisões e adesão a normas de segurança. Conformidade regulamentar: Os quadros regulamentares que regem a utilização de máquinas autónomas na agricultura variam de região para região e de país para país, exigindo o cumprimento das normas de segurança, privacidade e responsabilidade.

Custo e acessibilidade: O custo inicial da maquinaria autónoma e da infraestrutura tecnológica pode constituir um obstáculo à adoção por parte das pequenas e médias explorações agrícolas, exigindo soluções rentáveis e incentivos financeiros.

Interoperabilidade e integração: A integração com o equipamento agrícola existente, as plataformas de software e os sistemas de gestão de dados é essencial para garantir um funcionamento sem descontinuidades e a compatibilidade com os fluxos de trabalho agrícolas.

Em resumo, o desenvolvimento e a aplicação de máquinas autónomas na agricultura oferecem oportunidades promissoras para aumentar a eficiência, a produtividade e a sustentabilidade das operações agrícolas. Ao tirar partido de tecnologias avançadas, como a robótica, a IA e a aprendizagem automática, os sistemas autónomos permitem aos agricultores otimizar a utilização de recursos, reduzir a dependência da mão de obra e melhorar a tomada de decisões na exploração agrícola.

Discutir a utilização da robótica em tarefas como a plantação, a colheita e a monda.

A robótica desempenha um papel importante na automatização de várias tarefas na agricultura, incluindo a plantação, a colheita e a monda (**Figura 7.2**). Segue-se uma discussão sobre a utilização da robótica para cada uma destas tarefas:

Plantação:

Sistemas de plantação autónomos: Os sistemas de plantação robotizados, frequentemente integrados com tecnologias de GPS e IA, permitem uma plantação precisa e eficiente de sementes ou plântulas.

Colocação de sementes: Os robots equipados com semeadores pneumáticos ou braços de plantação podem colocar as sementes com precisão à profundidade e espaçamento desejados no solo, assegurando uma germinação óptima e uma densidade de povoamento das plantas.

Fig. 7.2: Robôs agrícolas

Plantação de taxa variável: Os robôs de plantação avançados podem ajustar as taxas de sementes e o espaçamento em tempo real com base nas condições do solo, topografia e requisitos da cultura, implementando estratégias de plantação de taxa variável para otimizar o potencial de rendimento.

Colheita:

Colheitadeiras Robóticas: Os robôs de colheita autónomos são concebidos para colher frutas, legumes e culturas especializadas com elevada precisão e eficiência.

Sistemas guiados por visão: Os robôs de colheita utilizam tecnologias de visão por computador, tais como câmaras e sensores, para identificar produtos maduros, navegar pelos campos e realizar movimentos de colheita precisos.

Colheita selectiva: A robótica permite a colheita selectiva de culturas, permitindo que os robôs colham apenas frutos ou vegetais maduros, deixando os verdes na planta, minimizando o desperdício e maximizando a qualidade do rendimento.

Monda:

Robôs deservadores: Os robôs autónomos de monda estão equipados com câmaras, sensores e ferramentas mecânicas ou térmicas para identificar e remover as ervas daninhas dos campos.

Visão computacional para deteção de ervas daninhas: Os algoritmos de deteção de ervas daninhas analisam imagens de culturas captadas por câmaras a bordo para identificar ervas daninhas entre as culturas. Uma vez detectadas, os braços robóticos ou implementos visam e removem as ervas daninhas com precisão.

Controlo não químico de ervas daninhas: Os sistemas de monda robotizados oferecem alternativas não químicas às aplicações tradicionais de herbicidas, reduzindo o impacto ambiental e os resíduos de pesticidas nos produtos agrícolas.

Benefícios dos sistemas robóticos na agricultura:

Eficiência de mão de obra: A robótica reduz a dependência do trabalho manual para tarefas de mão de obra intensiva, como a plantação, a colheita e a monda, resolvendo a escassez de mão de obra e reduzindo os custos laborais.

Precisão e exatidão: Os sistemas robóticos oferecem precisão e exatidão na execução de tarefas agrícolas, assegurando uniformidade na plantação, colheita selectiva e controlo orientado de ervas daninhas.

Produtividade: A robótica permite o funcionamento contínuo e a disponibilidade 24 horas por dia, 7 dias por semana, maximizando a produtividade durante períodos críticos como as épocas de plantação e colheita.

Otimização de recursos: Os sistemas robóticos optimizam a utilização de recursos, incluindo sementes, fertilizantes, água e pesticidas, através da implementação de aplicações precisas e direccionadas com base em dados e análises em tempo real.

Sustentabilidade: A robótica apoia práticas agrícolas sustentáveis, reduzindo o impacto ambiental da agricultura, incluindo a utilização de pesticidas, a compactação do solo e as emissões de carbono.

Desafios e considerações:

Custo: O custo inicial do investimento em sistemas robóticos e infra-estruturas tecnológicas pode constituir um obstáculo à adoção por parte das pequenas e médias explorações agrícolas.

Integração tecnológica: A integração com o equipamento agrícola existente, as plataformas de software e os sistemas de gestão de dados é essencial para garantir a compatibilidade e a interoperabilidade.

Segurança: As considerações de segurança, incluindo a prevenção de colisões, a interação homem-robô e o cumprimento das normas de segurança, são fundamentais na conceção e funcionamento dos sistemas robóticos na agricultura.

Conformidade regulamentar: Os quadros regulamentares que regem a utilização da robótica na agricultura podem variar consoante as regiões e os países, exigindo o cumprimento de normas de segurança, privacidade e responsabilidade.

De um modo geral, a robótica oferece oportunidades promissoras para aumentar a eficiência, a produtividade e a sustentabilidade na agricultura, automatizando tarefas como a plantação, a colheita e a monda. À medida que a tecnologia continua a avançar e os custos diminuem, espera-se que a robótica desempenhe um papel cada vez mais importante na definição do futuro da agricultura.

Avaliar os benefícios económicos e de eficiência do equipamento agrícola autónomo.

O equipamento agrícola autónomo oferece vários benefícios económicos e de eficiência que podem ter um impacto significativo nas operações agrícolas e na rentabilidade global (**Figura 7.3**). Segue-se uma avaliação destes benefícios:

Poupança de mão de obra:

Benefício Económico: O equipamento agrícola autónomo reduz a necessidade de mão de obra manual em tarefas repetitivas e fisicamente exigentes, tais como a plantação, a colheita e a monda. Benefício de Eficiência: Ao automatizar operações de trabalho intensivo, o equipamento autónomo permite que as explorações agrícolas optimizem os recursos de mão de obra, reduzam os custos de mão de obra e reafectem a mão de obra a tarefas mais especializadas e estratégicas.

Fig. 7.3: Eficiência operacional do equipamento agrícola autónomo: Benefício económico: O equipamento agrícola autónomo funciona de forma autónoma dia e noite, maximizando o tempo de atividade e a produtividade na exploração agrícola, especialmente durante períodos críticos como as épocas de plantação e colheita.

Vantagem em termos de eficiência: O funcionamento contínuo e a disponibilidade 24 horas por dia, 7 dias por semana, melhoram a eficiência da exploração, minimizando o tempo de inatividade, reduzindo o tempo de inatividade e aumentando o rendimento e a produção.

Agricultura de precisão:

Benefício Económico: O equipamento autónomo permite práticas de agricultura de precisão, tais como a aplicação de inputs a taxas variáveis, gestão específica do local e monitorização em tempo real das condições das culturas. Benefício de Eficiência: Ao direcionar com precisão insumos como sementes, fertilizantes, pesticidas e água com base na variabilidade do solo, requisitos da cultura e condições ambientais, o equipamento autónomo optimiza a utilização de recursos, minimiza o desperdício e maximiza o potencial de rendimento.

Otimização de recursos:

Benefício económico: O equipamento agrícola autónomo optimiza a utilização de recursos, incluindo sementes, fertilizantes, água e pesticidas, através da implementação de aplicações precisas e direccionadas com base em dados e análises em tempo real. Benefício de eficiência: Ao minimizar o desperdício de insumos, reduzir a aplicação excessiva e otimizar as taxas de aplicação, o equipamento autónomo melhora a eficiência dos recursos, reduz os custos dos insumos e aumenta a rentabilidade global da exploração agrícola.

Tomada de decisões com base em dados:

Benefício económico: O equipamento autónomo recolhe dados de sensores, câmaras e outras fontes, fornecendo informações valiosas para a tomada de decisões e a gestão das explorações agrícolas. Benefício de eficiência: Ao tirar partido da análise de dados e da aprendizagem automática, o equipamento autónomo permite a tomada de decisões informadas, a resolução proactiva de problemas e a melhoria contínua das operações agrícolas, o que resulta em melhores resultados e num maior retorno do investimento.

Redução do impacto ambiental:

Benefício económico: O equipamento agrícola autónomo oferece benefícios ambientais, reduzindo a utilização de agroquímicos, minimizando a compactação do solo e diminuindo o consumo de combustível. Benefício de eficiência: Ao adotar práticas agrícolas sustentáveis, como a agricultura de precisão, a redução da lavoura e a gestão de pragas específicas, o equipamento autónomo melhora a gestão ambiental, preserva os recursos naturais e reduz os custos de conformidade regulamentar.

Desafios e considerações:

Investimento inicial: O custo inicial do investimento em equipamento agrícola autónomo e em infra-estruturas tecnológicas pode constituir um obstáculo à adoção por parte de algumas explorações agrícolas.Integração tecnológica: A integração com o equipamento agrícola existente, as plataformas de software e os sistemas de gestão de dados é essencial para garantir a compatibilidade e a interoperabilidade.Segurança e fiabilidade: Garantir a segurança e a fiabilidade do equipamento autónomo, incluindo a prevenção de colisões, a interação homem-robô e a conformidade com as normas de segurança, é fundamental para ganhar a confiança e a aceitação dos agricultores.Conformidade regulamentar: Os quadros regulamentares que regem a utilização de equipamento autónomo na agricultura podem variar de região para região e de país para país, exigindo o cumprimento das normas de segurança, privacidade e responsabilidade.

Em geral, os benefícios económicos e de eficiência do equipamento agrícola autónomo superam os desafios e as considerações, oferecendo oportunidades promissoras para aumentar a produtividade, a rentabilidade e a sustentabilidade na agricultura. À medida que a tecnologia continua a avançar e os custos diminuem, espera-se que a adoção de equipamento autónomo acelere, transformando o futuro da agricultura.

CAPÍTULO 8

ANÁLISE DE DADOS PARA APOIO À DECISÃO

A análise de dados desempenha um papel crucial no apoio à tomada de decisões dos agricultores, analisando grandes volumes de dados para extrair conhecimentos significativos e informar as decisões de gestão. Ao integrar dados de várias fontes, como previsões meteorológicas, sensores de solo, rendimentos das culturas e tendências de mercado, os agricultores podem obter uma compreensão abrangente das suas operações e fazer escolhas informadas. As técnicas analíticas avançadas, incluindo a modelação preditiva e os algoritmos de otimização, permitem aos agricultores antecipar resultados futuros, identificar oportunidades de melhoria e otimizar a atribuição de recursos. Os sistemas de apoio à decisão baseados em dados permitem que os agricultores respondam rapidamente às condições em mudança, reduzam os riscos e maximizem a produtividade e a rentabilidade na agricultura.

Destacar a importância da análise de dados na transformação de dados agrícolas brutos em informações accionáveis.

A análise de dados desempenha um papel crucial na transformação de dados agrícolas brutos em informações accionáveis, permitindo que os agricultores, agrónomos e partes interessadas na agricultura tomem decisões informadas, optimizem as operações agrícolas e melhorem a produtividade e a rentabilidade (**Figura 8.1**). Eis por que razão a análise de dados é importante na agricultura:

Otimização da utilização dos recursos:

A análise de dados analisa dados de várias fontes, incluindo sensores de solo, estações meteorológicas, imagens de satélite e maquinaria agrícola, para otimizar a utilização de recursos como a água, os fertilizantes, os pesticidas e a energia.

Ao analisar a saúde do solo, os níveis de humidade, o teor de nutrientes e os padrões climáticos, a análise de dados ajuda os agricultores a implementar práticas de agricultura de precisão, como a aplicação de insumos a taxas variáveis, a gestão específica do local e a programação optimizada da rega.

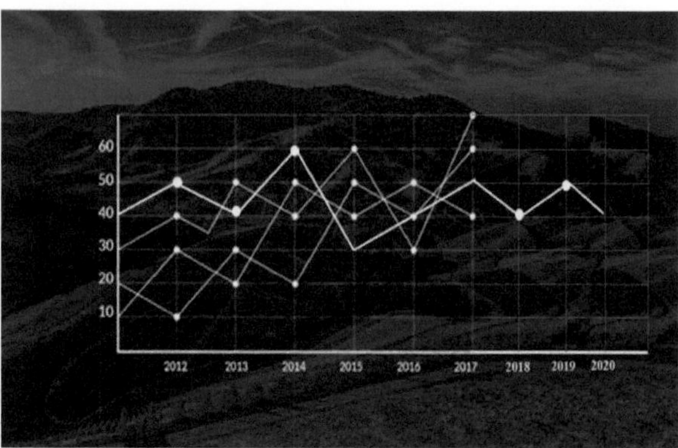

Fig. 8.1: Estudo do mercado agrícola Melhorar a gestão das culturas: A análise de dados fornece informações sobre a saúde das culturas, as fases de crescimento e as métricas de desempenho, permitindo aos agricultores monitorizar as condições das culturas, detetar anomalias e identificar áreas de melhoria.

Ao analisar dados históricos, leituras de sensores e imagens de deteção remota, a análise de dados ajuda os agricultores a tomar decisões baseadas em dados relativamente à época de plantação, rotação de culturas, estratégias de gestão de pragas e planeamento de colheitas.

Melhorar a previsão do rendimento:

Os modelos de análise de dados aproveitam os dados históricos, as previsões meteorológicas e os parâmetros agronómicos para prever o rendimento das culturas, avaliar a variabilidade do rendimento e identificar os factores que influenciam o potencial de rendimento. Ao analisar factores como a fertilidade do solo, as condições meteorológicas, a pressão das pragas e a genética das culturas, a análise de dados permite aos agricultores antecipar as flutuações de rendimento, ajustar as práticas de gestão e otimizar a produção das culturas.

Monitorização do impacto ambiental:

A análise de dados avalia o impacto ambiental das práticas agrícolas, incluindo as emissões de gases com efeito de estufa, a utilização da água, a erosão do solo e a perda de biodiversidade.

Ao quantificar os indicadores ambientais e avaliar as métricas de sustentabilidade, a análise de dados ajuda os agricultores a adoptarem práticas agrícolas regenerativas, a minimizarem a pegada ambiental e a cumprirem os requisitos regulamentares.

Sistemas de apoio à decisão:

A análise de dados potencia os sistemas de apoio à decisão que fornecem aos agricultores informações em tempo real, recomendações e análises preditivas para uma tomada de decisão optimizada.

Ao integrar dados de várias fontes, incluindo sensores IoT, imagens de satélite, previsões meteorológicas e dados de mercado, os sistemas de apoio à decisão permitem aos agricultores responder às condições em mudança, mitigar os riscos e capitalizar as oportunidades no mercado agrícola.

Facilitar a gestão da cadeia de abastecimento:

A análise de dados optimiza a gestão da cadeia de abastecimento, acompanhando e rastreando os produtos agrícolas desde a exploração agrícola até à mesa, monitorizando os níveis de inventário e prevendo a procura.

Ao analisar as tendências do mercado, as preferências dos consumidores e as restrições logísticas, a análise de dados ajuda os agricultores, distribuidores e retalhistas a otimizar a eficiência da cadeia de abastecimento, a reduzir o desperdício e a satisfazer a procura dos clientes. Em suma, a análise de dados é essencial para transformar dados agrícolas brutos em informações accionáveis que conduzem a uma tomada de decisões informada, optimizam a utilização de recursos, melhoram a gestão das culturas, melhoram a previsão do rendimento, monitorizam o impacto ambiental, permitem sistemas de apoio à decisão e facilitam a gestão da cadeia de abastecimento na agricultura. Ao aproveitarem o poder da análise de dados, os agricultores podem aumentar a produtividade, a rentabilidade e a sustentabilidade, garantindo a segurança alimentar e a gestão ambiental para as gerações futuras.

Discutir o papel dos algoritmos de aprendizagem automática na previsão do rendimento das culturas, na otimização da irrigação e na melhoria dos sistemas gerais de apoio à decisão.

Os algoritmos de aprendizagem automática desempenham um papel crucial na previsão do rendimento das culturas, na otimização das práticas de irrigação e na melhoria dos sistemas gerais de apoio à decisão na agricultura (**Figura 8.2**). Eis como a aprendizagem automática contribui para cada uma destas áreas:

Previsão de rendimentos de culturas:

Integração de dados: Os algoritmos de aprendizagem automática analisam dados históricos sobre rendimentos de culturas, padrões climáticos, propriedades do solo, práticas de gestão e outros factores agronómicos para identificar padrões, tendências e relações: Os modelos de aprendizagem automática extraem características relevantes dos dados, tais como variáveis meteorológicas, níveis de humidade do solo, fenologia das culturas e incidência de pragas, para captar os factores que influenciam a variabilidade do rendimento.

Treino de modelos: As técnicas de aprendizagem supervisionada, tais como os métodos de regressão e de conjunto, são utilizadas para treinar modelos preditivos em conjuntos de dados rotulados de dados históricos de rendimento e preditores associados.

Previsão de rendimento: Uma vez treinados, os modelos de aprendizagem automática podem prever o rendimento das culturas para épocas ou locais futuros com base em variáveis de entrada, tais como previsões meteorológicas, características do solo e práticas de gestão, fornecendo informações valiosas para o planeamento e a tomada de decisões.

Fig. 8.2: Previsão da produtividade das culturas na agricultura Otimização das práticas de irrigação:

Análise de dados de sensores: Os algoritmos de aprendizagem automática analisam dados de sensores de humidade do solo, estações meteorológicas, imagens de satélite e sensores de copa das culturas para monitorizar os níveis de humidade do solo, o stress hídrico das culturas e as necessidades de irrigação.

Formação de modelos: Os algoritmos de aprendizagem supervisionada aprendem padrões e relações entre as variáveis de entrada (por exemplo, humidade do solo, parâmetros meteorológicos) e os resultados da rega (por exemplo, rendimento da cultura, eficiência da utilização da água) utilizando dados de formação rotulados.

Apoio à decisão: Os modelos de aprendizagem automática fornecem recomendações para a programação da rega, incluindo quando e quanta água aplicar com base em dados em tempo real, fase de crescimento da cultura e disponibilidade de água, optimizando a eficiência da utilização da água e minimizando o desperdício de água. Ciclo de feedback: Os modelos de aprendizagem automática podem aprender e adaptar-se continuamente às condições em mudança, incorporando o feedback dos resultados da rega, leituras dos sensores e factores ambientais, melhorando a precisão e eficácia da gestão da rega ao longo do tempo.

Melhorar os sistemas de apoio à decisão:

Fusão de dados: Os algoritmos de aprendizagem automática integram dados de várias fontes, incluindo sensores IoT, imagens de satélite, previsões meteorológicas, preços de mercado e bases de conhecimento agronómico, para fornecer um apoio abrangente à decisão.

Análise Preditiva: Os modelos de aprendizagem automática prevêem tendências, riscos e oportunidades futuras na agricultura, tais como rendimentos das colheitas, surtos de pragas, procura do mercado e variabilidade climática, permitindo a tomada de decisões proactivas e a gestão de riscos. Recomendações personalizadas: Os algoritmos de aprendizagem automática geram recomendações personalizadas e estratégias de gestão adaptadas a explorações, campos e culturas individuais com base em dados históricos, modelos agronómicos e preferências dos agricultores.

Percepções em tempo real: Os sistemas de apoio à decisão com base na aprendizagem automática fornecem informações, alertas e notificações em tempo real aos agricultores, agrónomos e partes interessadas, permitindo intervenções atempadas, gestão adaptativa e tomada de decisões informadas em ambientes agrícolas dinâmicos.

Em resumo, os algoritmos de aprendizagem automática desempenham um papel fundamental na previsão do rendimento das culturas, na otimização das práticas de irrigação e na melhoria dos sistemas de apoio à decisão na agricultura. Ao tirar partido dos dados históricos, das tecnologias de sensores e da análise avançada, a aprendizagem automática permite aos agricultores melhorar a produtividade, a eficiência e a sustentabilidade, reduzindo os riscos e maximizando a rentabilidade das operações agrícolas.

CAPÍTULO 9

DESAFIOS E CONSIDERAÇÕES ÉTICAS

particularmente para os pequenos agricultores dos países em desenvolvimento, que podem não dispor dos recursos ou das infra-estruturas necessárias para adotar estas inovações. Além disso, existem preocupações sobre a privacidade e propriedade dos dados, uma vez que os agricultores têm de lidar com questões relacionadas com a recolha, armazenamento e partilha de dados agrícolas sensíveis. Também surgem considerações éticas relativamente à potencial deslocação do trabalho humano por máquinas autónomas e à necessidade de garantir que a adoção de tecnologia não agrava as desigualdades sociais ou a degradação ambiental. A resposta a estes desafios exige esforços de colaboração entre decisores políticos, investigadores, partes interessadas da indústria e agricultores para desenvolver abordagens inclusivas, responsáveis e sustentáveis para a integração da inteligência artificial na agricultura.

Abordar os desafios associados à adoção da inteligência artificial na agricultura.

Embora a inteligência artificial tenha um enorme potencial para revolucionar a agricultura, a sua adoção enfrenta vários desafios que têm de ser resolvidos (**Figura 9.1**):

Custo da tecnologia:

Investimento inicial elevado: A implementação de soluções de inteligência artificial, incluindo sensores, robótica e algoritmos de IA, exige custos iniciais significativos, que podem ser proibitivos para as pequenas e médias explorações agrícolas.

Custo de manutenção e actualizações: Para além do investimento inicial, a manutenção contínua, as actualizações de software e o apoio técnico aumentam o custo global da adoção da inteligência artificial na agricultura.

Fig. 9.1: Inteligência artificial na agricultura Acesso e qualidade dos dados: Disponibilidade de dados: O acesso a dados relevantes e de elevada qualidade, incluindo registos históricos, dados meteorológicos, informações sobre o solo e observações de culturas, é essencial para treinar modelos de aprendizagem automática e fazer previsões precisas.

Integração de dados: A integração de dados de diversas fontes e formatos, incluindo sensores IoT, imagens de satélite e bases de dados agronómicas, pode ser um desafio devido a problemas de interoperabilidade e silos de dados.

Conhecimentos técnicos especializados:

Défice de competências: A implementação e a gestão de tecnologias de inteligência artificial requerem conhecimentos técnicos especializados em domínios como a ciência dos dados, a aprendizagem automática, a visão por computador, a robótica e o desenvolvimento de software, que podem estar em falta na mão de obra agrícola.

Formação e reforço das capacidades: A formação de agricultores, agrónomos e técnicos sobre a forma de utilizar e interpretar os dados dos sistemas de inteligência artificial é essencial para uma adoção e utilização bem sucedidas.

Infra-estruturas e conetividade:

Conectividade limitada: Muitas zonas rurais não têm acesso a infra-estruturas e conetividade fiáveis à Internet, o que dificulta a implantação e o funcionamento de dispositivos IoT, drones e aplicações baseadas na nuvem para a inteligência artificial na agricultura.

Fornecimento de energia: O acesso à eletricidade é essencial para o funcionamento de máquinas autónomas, sensores e outros dispositivos electrónicos na exploração agrícola, o que coloca desafios em regiões com infra-estruturas eléctricas pouco fiáveis ou insuficientes.

Quadros regulamentares e políticos:

Incerteza e conformidade: Os quadros regulamentares que regem a utilização da inteligência artificial na agricultura, incluindo a privacidade dos dados, as normas de segurança, a responsabilidade e os direitos de propriedade intelectual, podem não ser claros ou ser inadequados, o que conduz à incerteza e a desafios de conformidade.

Incentivos políticos: A falta de políticas de apoio, de incentivos financeiros e de quadros regulamentares pode desencorajar os agricultores de investir em tecnologias de inteligência artificial e de adotar práticas inovadoras.

Preocupações com a privacidade e a segurança:

Privacidade dos dados: A recolha e a partilha de dados sensíveis, como as práticas de gestão agrícola, o rendimento das colheitas e os registos financeiros, suscitam preocupações quanto à privacidade, propriedade e confidencialidade dos dados, exigindo medidas robustas de proteção de dados e políticas de privacidade.

Riscos de cibersegurança: Os sistemas de inteligência artificial são vulneráveis a ameaças de cibersegurança, incluindo violações de dados, ataques de malware e acesso não autorizado, o que exige medidas robustas de cibersegurança para proteção contra potenciais riscos e vulnerabilidades.

Barreiras à adoção:

Resistência à mudança: Os agricultores podem ter relutância em adotar novas tecnologias devido a preocupações com a complexidade, a fiabilidade e a perceção dos riscos associados à inteligência artificial, o que exige serviços de educação, demonstração e extensão para promover a adoção e a aceitação.

Factores culturais e comportamentais: Os factores socioculturais, incluindo as diferenças geracionais, as atitudes em relação à tecnologia e as práticas agrícolas tradicionais, podem influenciar a adoção da inteligência artificial na agricultura, exigindo abordagens adaptadas e estratégias de envolvimento das partes interessadas.

A resolução destes desafios exige esforços de colaboração por parte dos agricultores, decisores políticos, fornecedores de tecnologia, investigadores e outras partes interessadas para ultrapassar as barreiras à adoção, promover a inovação e concretizar todo o potencial da inteligência artificial na agricultura. Ao enfrentar estes desafios, a inteligência artificial pode impulsionar um desenvolvimento agrícola sustentável, resiliente e inclusivo, beneficiando os agricultores, os consumidores e o ambiente.

Discuta as considerações éticas, a privacidade dos dados e os potenciais impactos socioeconómicos.

As considerações éticas, a privacidade dos dados e os potenciais impactos socioeconómicos são aspectos críticos que têm de ser cuidadosamente abordados na adoção e implementação da inteligência artificial na agricultura (**Figura 9.2**):

Considerações éticas:

Equidade e enviesamento: Os algoritmos de aprendizagem automática podem apresentar enviesamentos nas suas previsões e decisões, conduzindo a resultados injustos, discriminação e desigualdades, especialmente em áreas como o acesso a recursos, crédito e mercados.

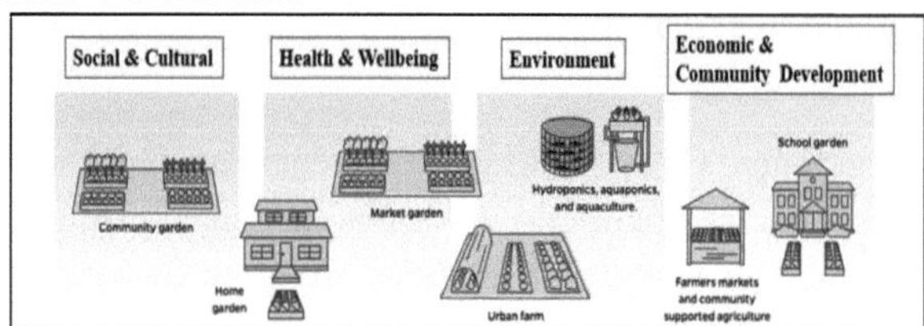

Fig. 9.2: Considerações éticas

Transparência e responsabilidade: A transparência na conceção, desenvolvimento e implementação de sistemas de inteligência artificial é essencial para garantir a responsabilização, a auditabilidade e a confiança do público no processo de tomada de decisões. IA responsável: A adoção de princípios de IA responsável, como a equidade, a transparência, a responsabilidade e a inclusão, é crucial para atenuar os potenciais riscos e impactos negativos da inteligência artificial na sociedade e no ambiente.

Privacidade e segurança dos dados:

Propriedade e controlo: Os agricultores e as partes interessadas do sector agrícola devem ter a propriedade e o controlo dos seus dados, incluindo as práticas de gestão agrícola, o rendimento das colheitas e os registos financeiros, para proteger os seus direitos de privacidade e autonomia.

Consentimento informado: A recolha, o processamento e a partilha de dados agrícolas devem basear-se no consentimento informado, garantindo que os agricultores compreendem a forma como os seus dados serão utilizados, partilhados e protegidos pelos sistemas de inteligência artificial.

Medidas de proteção de dados: A implementação de medidas robustas de proteção de dados, incluindo encriptação, anonimização, controlos de acesso e armazenamento seguro, é essencial para proteger os dados agrícolas contra o acesso não autorizado, violações de dados e ciberameaças.

Impactos socioeconómicos:

Fosso digital: O acesso desigual às tecnologias de inteligência artificial e às infra-estruturas digitais pode agravar as disparidades socioeconómicas existentes entre as explorações agrícolas comerciais de grande escala e os pequenos agricultores, aumentando o fosso digital e marginalizando as comunidades vulneráveis.Desenvolvimento rural: O aproveitamento da inteligência artificial na agricultura tem potencial para promover o desenvolvimento rural, criar oportunidades de emprego e melhorar os meios de subsistência, estimulando a inovação, o empreendedorismo e as actividades de valor acrescentado nas zonas rurais.

Deslocação de mão de obra: A automatização e a mecanização das tarefas agrícolas através da inteligência das máquinas podem levar à deslocação de mão de obra agrícola, particularmente em trabalhos manuais e de rotina, exigindo políticas e programas para requalificar, requalificar e reafectar os trabalhadores afectados.

Impactos ambientais:

Agricultura sustentável: A inteligência artificial pode apoiar práticas agrícolas sustentáveis, como a agricultura de precisão, a agricultura regenerativa e a conservação dos ecossistemas, optimizando a utilização dos recursos, minimizando a pegada ambiental e aumentando a resistência às alterações climáticas.

Serviços ecossistémicos: A proteção da biodiversidade, da saúde dos solos, da qualidade da água e dos serviços ecossistémicos deve ser prioritária no desenvolvimento e implantação de sistemas de inteligência artificial para garantir a sustentabilidade a longo prazo e a gestão ambiental na agricultura.

A abordagem destas considerações éticas, das preocupações com a privacidade dos dados e dos impactos socioeconómicos exige a colaboração de várias partes interessadas, a intervenção política e orientações éticas para promover a inovação responsável e garantir que os benefícios da inteligência artificial na agricultura sejam distribuídos de forma equitativa e geridos de forma sustentável para benefício da sociedade, dos agricultores e do ambiente. Ao abordar estas questões de forma proactiva, as partes interessadas podem aproveitar o potencial transformador da inteligência artificial para alcançar um desenvolvimento agrícola inclusivo, resiliente e sustentável.

Explorar estratégias para atenuar os riscos e assegurar uma utilização responsável da tecnologia na agricultura.

Atenuar os riscos e garantir uma utilização responsável da tecnologia na agricultura requer uma abordagem abrangente que aborde várias dimensões, incluindo considerações éticas, sociais, ambientais e económicas (**Figura 9.3**). Eis algumas estratégias para o conseguir:

Orientações e princípios éticos:

Desenvolver e aderir a directrizes e princípios éticos para a conceção, o desenvolvimento e a aplicação responsáveis da tecnologia na agricultura, dando ênfase à equidade, à transparência, à responsabilidade e à inclusão.

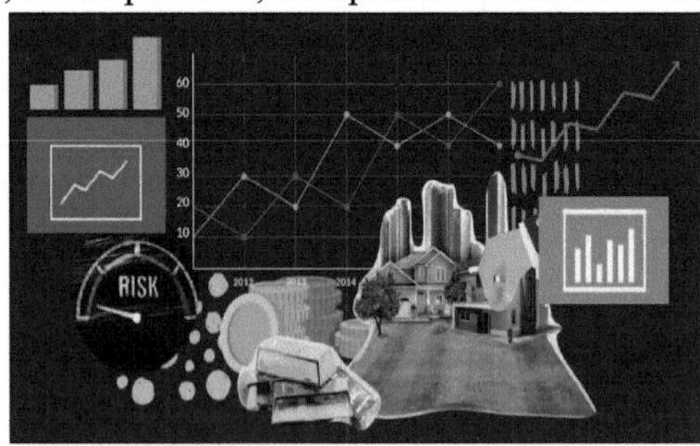

Fig. 9.3: Mitigar os riscos e assegurar uma utilização responsável da tecnologia na agricultura

Promover considerações éticas no desenvolvimento e implementação de sistemas de inteligência artificial, incluindo a equidade, a não discriminação, a privacidade, a autonomia e o respeito pela dignidade humana.

Envolvimento e participação das partes interessadas:

Fomentar a colaboração e o diálogo entre agricultores, investigadores, decisores políticos, fornecedores de tecnologia, organizações da sociedade civil e outras partes interessadas para co-criar soluções, abordar preocupações e assegurar que o desenvolvimento tecnológico se alinha com as necessidades e valores sociais. Capacitar os agricultores e as comunidades agrícolas para participarem ativamente nos processos de tomada de decisão relacionados com a adoção de tecnologias, assegurando que as suas vozes, perspectivas e prioridades sejam ouvidas e respeitadas.

Governação de dados e proteção da privacidade:

Estabelecer quadros sólidos de governação de dados e políticas de privacidade para reger a recolha, o armazenamento, o processamento e a partilha de dados agrícolas, garantindo a conformidade com os regulamentos de proteção de dados e salvaguardando os direitos de privacidade dos agricultores.

Implementar a anonimização dos dados, a encriptação, os controlos de acesso e outras medidas de segurança para proteger os dados agrícolas contra o acesso não autorizado, as violações de dados e as ciberameaças.

Reforço das capacidades e desenvolvimento de competências:

Fornecer formação, reforço de capacidades e assistência técnica aos agricultores, agrónomos e partes interessadas do sector agrícola sobre a forma de utilizar e gerir eficazmente a tecnologia na agricultura, incluindo a análise de dados, a aprendizagem automática, a literacia digital e a cibersegurança.

Fomentar a partilha de conhecimentos, a aprendizagem entre pares e o intercâmbio de boas práticas através de cooperativas de agricultores, serviços de extensão, redes agrícolas e plataformas em linha para melhorar as competências digitais e promover a adoção responsável de tecnologias.

Supervisão regulamentar e apoio político:

Desenvolver e aplicar quadros regulamentares, normas e directrizes para a utilização responsável da tecnologia na agricultura, incluindo normas de segurança, regulamentos sobre a privacidade dos dados, direitos de propriedade intelectual e directrizes éticas. Fornecer incentivos políticos, apoio financeiro e incentivos regulamentares para encorajar a inovação, o investimento e a adoção responsáveis da tecnologia na agricultura, dando prioridade a práticas sustentáveis, à inclusão social e à proteção do ambiente.

Avaliação e controlo do impacto:

Realizar avaliações de impacto e avaliações rigorosas para avaliar os impactos sociais, ambientais, económicos e éticos da adoção de tecnologias na agricultura, incluindo os seus efeitos na produtividade das explorações agrícolas, nos meios de subsistência, na equidade e na sustentabilidade.

Estabelecer mecanismos de monitorização, indicadores de desempenho e ciclos de feedback para acompanhar os resultados e a eficácia das intervenções tecnológicas, identificar potenciais riscos e consequências indesejadas e ajustar as estratégias em conformidade.

Promover uma agricultura sustentável e inclusiva:

Integrar a tecnologia em estratégias mais amplas para uma agricultura sustentável e inclusiva, incluindo a agroecologia, a agricultura inteligente em termos climáticos e a capacitação dos pequenos agricultores, para garantir que a tecnologia beneficie os agricultores, as comunidades e o ambiente.

Dar prioridade aos investimentos em tecnologias que aumentem a resiliência, conservem os recursos naturais, promovam a biodiversidade e apoiem os pequenos agricultores, os grupos marginalizados e as mulheres na agricultura.

Ao adotar estas estratégias, as partes interessadas podem atenuar os riscos e garantir a utilização responsável da tecnologia na agricultura, aproveitando o seu potencial transformador para alcançar um desenvolvimento agrícola sustentável, equitativo e resiliente.

CAPÍTULO 10

DIRECÇÕES FUTURAS E INOVAÇÕES

Olhando para o futuro, o futuro da inteligência artificial na agricultura é extremamente promissor para impulsionar a inovação e a sustentabilidade. As tecnologias emergentes, como a computação quântica, a computação de ponta e a cadeia de blocos, estão preparadas para revolucionar ainda mais as práticas agrícolas, melhorando as capacidades de processamento de dados, permitindo a gestão descentralizada de dados e melhorando a rastreabilidade e a transparência nas cadeias de abastecimento agrícolas. Além disso, os avanços na robótica, nos sensores e na biotecnologia estão a abrir novas possibilidades para a agricultura de precisão, a automação e o melhoramento genético das culturas e do gado. À medida que o sector agrícola continua a evoluir, a colaboração interdisciplinar, o investimento em investigação e desenvolvimento e as políticas de apoio serão essenciais para concretizar todo o potencial da inteligência artificial na agricultura e criar um sistema alimentar mais sustentável e resistente para as gerações futuras.

Prever as tendências futuras da inteligência artificial para a agricultura.

Prever as tendências futuras da inteligência artificial para a agricultura implica prever a forma como os avanços tecnológicos, a dinâmica do mercado e as tendências sociais irão moldar a evolução das tecnologias agrícolas (**Figura 10.1**). Eis algumas tendências potenciais que podem surgir no futuro:

Integração da IA e da robótica:

Os avanços contínuos na inteligência artificial (IA) e na robótica levarão à integração de sistemas de automação inteligentes na agricultura, incluindo tractores autónomos, drones e ceifeiras robóticas, permitindo uma agricultura de precisão à escala.

Computação de ponta e dispositivos IoT:

A proliferação de dispositivos de computação periférica e da Internet das Coisas (IoT) facilitará a recolha de dados em tempo real, a análise e a tomada de decisões na exploração agrícola, permitindo aos agricultores monitorizar as condições das culturas, gerir recursos e otimizar as operações de forma mais eficaz.

Fig. 10.1: Tendências futuras da inteligência artificial para a agricultura Análise Preditiva e Perspectivas Prescritivas:
Os algoritmos de aprendizagem automática centrar-se-ão cada vez mais na análise preditiva e nos conhecimentos prescritivos, permitindo aos agricultores antecipar tendências futuras, identificar riscos e receber recomendações accionáveis para otimizar o rendimento das culturas, a utilização de recursos e a rentabilidade.

Gémeos Digitais e Modelação de Simulação:

A adoção da tecnologia de gémeos digitais e de modelos de simulação permitirá aos agricultores criar representações virtuais das suas explorações, culturas e ecossistemas, permitindo-lhes simular cenários, testar hipóteses e otimizar estratégias de gestão num ambiente virtual antes de as implementarem no terreno.

Soluções de cadeia de blocos e rastreabilidade:

A tecnologia Blockchain será utilizada para aumentar a rastreabilidade, a transparência e a confiança nas cadeias de abastecimento agrícola, permitindo aos agricultores acompanhar a origem, a qualidade e a sustentabilidade dos produtos agrícolas desde a exploração agrícola até à mesa, respondendo à procura dos consumidores em matéria de segurança alimentar e de abastecimento ético.

Computação quântica para otimização complexa:

Os avanços na computação quântica podem revolucionar problemas complexos de otimização na agricultura, como o planeamento de culturas, a logística da cadeia de abastecimento e o melhoramento genético, permitindo soluções mais rápidas e mais precisas para otimizar a atribuição de recursos e a tomada de decisões.

Edição de genes e melhoramento genético de precisão:

A adoção de tecnologias de edição de genes, como a CRISPR-Cas9, permitirá a criação de culturas de precisão com características desejáveis, incluindo resistência a doenças, tolerância à seca e conteúdo nutricional, aumentando a resiliência e a produtividade das culturas em resposta a condições ambientais em mudança.

Fenotipagem de plantas com base em IA:

Os sistemas de fenotipagem de plantas alimentados por IA permitirão uma análise de alto rendimento e não destrutiva das características das plantas, como a taxa de crescimento, a área foliar e a resposta ao stress, permitindo aos criadores e investigadores acelerar os programas de melhoramento das culturas e desenvolver variedades resistentes ao clima.

Serviços ecossistémicos e adaptação às alterações climáticas:

A inteligência artificial desempenhará um papel fundamental na gestão dos serviços ecossistémicos, na conservação da biodiversidade e na adaptação da agricultura às alterações climáticas, permitindo aos agricultores atenuar os riscos, aumentar a resiliência e promover a sustentabilidade das paisagens agrícolas.

Quadros regulamentares e directrizes éticas:

Os governos e os organismos reguladores desenvolverão quadros e directrizes para reger a utilização responsável da inteligência artificial na agricultura, abordando preocupações relacionadas com a privacidade dos dados, considerações éticas e impactos sociais.

De um modo geral, o futuro da inteligência artificial na agricultura será caracterizado por uma maior automatização, tomada de decisões baseada em dados, sustentabilidade e inovação, permitindo aos agricultores enfrentar os desafios de alimentar uma população em crescimento, minimizando o impacto ambiental e promovendo a equidade social.

Discutir a investigação em curso e os potenciais avanços.

A investigação em curso sobre inteligência artificial para a agricultura está a impulsionar a inovação e a abrir caminho a potenciais avanços que poderão revolucionar as práticas agrícolas (**Figura 10.2**). Eis algumas áreas de investigação em curso e potenciais avanços:

Aprendizagem profunda para monitorização de culturas:

Os investigadores estão a explorar a aplicação de técnicas de aprendizagem profunda, como as redes neuronais convolucionais (CNN) e as redes neuronais recorrentes (RNN), para a monitorização das culturas utilizando dados de deteção remota, incluindo imagens de satélite e imagens de drones. Os avanços nesta área poderão permitir uma deteção mais precisa e atempada de problemas de saúde das culturas, pragas e doenças, permitindo aos agricultores implementar intervenções específicas e melhorar os resultados de rendimento.

Gestão de precisão de ervas daninhas:

Os avanços na visão por computador e na aprendizagem automática estão a impulsionar a investigação de sistemas de gestão de ervas daninhas de precisão que podem detetar e remover autonomamente as ervas daninhas com uma utilização mínima de herbicidas. Os avanços nesta área podem ajudar a reduzir a dependência de insumos químicos, minimizar o impacto ambiental e promover práticas sustentáveis de controlo de ervas daninhas.

Fig. 10.2: Avanços científicos na seleção de plantas com base na IA: Os investigadores estão a tirar partido dos algoritmos de IA para acelerar os programas de melhoramento de plantas, analisando dados genómicos, identificando características desejáveis e prevendo o desempenho das características em diferentes ambientes. Os avanços no melhoramento de plantas impulsionado pela IA podem levar ao desenvolvimento de culturas resistentes ao clima com melhores rendimentos, qualidade nutricional e tolerância ao stress, respondendo aos desafios da segurança alimentar num clima em mudança.

Robótica para a colheita de culturas:

A investigação em curso centra-se no desenvolvimento de sistemas robóticos capazes de efetuar a colheita autónoma de frutas, legumes e culturas especializadas. Os avanços nesta área poderão ajudar a resolver a escassez de mão de obra, reduzir as perdas na colheita e melhorar a eficiência da produção agrícola, especialmente no caso das culturas de mão de obra intensiva que são atualmente colhidas manualmente.

Computação quântica para otimização agrícola:

A investigação emergente está a explorar o potencial da computação quântica para resolver problemas complexos de otimização na agricultura, como o planeamento de culturas, a logística da cadeia de abastecimento e a atribuição de recursos. Os avanços nesta área poderão permitir práticas agrícolas mais eficientes e sustentáveis, encontrando soluções óptimas para problemas multidimensionais que são atualmente intratáveis do ponto de vista computacional.

Blockchain para a transparência da cadeia de abastecimento:

Os investigadores estão a investigar a utilização da tecnologia blockchain para aumentar a transparência e a rastreabilidade nas cadeias de abastecimento agrícola, da exploração agrícola até à mesa. Os avanços neste domínio poderão melhorar a segurança alimentar, a garantia de qualidade e o abastecimento ético, permitindo que as partes interessadas acompanhem a proveniência e o percurso dos produtos agrícolas com maior transparência e confiança.

Sistemas de apoio à decisão baseados em IA:

A investigação em curso centra-se no desenvolvimento de sistemas de apoio à decisão orientados para a IA que possam fornecer informações, recomendações e previsões em tempo real aos agricultores e agrónomos. Os avanços nesta área poderão permitir que os agricultores tomem decisões baseadas em dados, optimizem a utilização de recursos e se adaptem às condições ambientais em mudança de forma mais eficaz, conduzindo a uma maior produtividade e sustentabilidade na agricultura.

Tecnologias agrícolas inteligentes:

Os investigadores estão a explorar a integração de sensores inteligentes, dispositivos IoT e análise de dados para criar sistemas agrícolas inteligentes que possam monitorizar e gerir operações agrícolas de forma autónoma. Os avanços nesta área poderão permitir o desenvolvimento de explorações agrícolas totalmente automatizadas e auto-reguladas, capazes de otimizar a utilização dos recursos, minimizar o impacto ambiental e maximizar a produtividade com o mínimo de intervenção humana.

Estes esforços de investigação em curso têm o potencial de proporcionar avanços transformadores que poderão remodelar o futuro da agricultura, tornando-a mais eficiente, sustentável e resiliente face à evolução dos desafios e oportunidades. Ao aproveitarem o poder da inteligência artificial e das tecnologias emergentes, os investigadores e inovadores estão a impulsionar a inovação e a desbloquear novas possibilidades para abordar a segurança alimentar global, a sustentabilidade ambiental e o desenvolvimento económico.

Incentivar a colaboração entre o meio académico, a indústria e os agricultores para uma inovação contínua.

Incentivar a colaboração entre o meio académico, a indústria e os agricultores é essencial para impulsionar a inovação contínua na agricultura e aproveitar todo o potencial das tecnologias de inteligência artificial (**Figura 10.3**). Eis por que razão a colaboração é importante e como as partes interessadas podem trabalhar em conjunto:

Acesso a conhecimentos especializados e recursos:

O meio académico contribui com conhecimentos especializados em investigação, desenvolvimento tecnológico e investigação científica, enquanto a indústria oferece recursos, infra-estruturas e perspectivas de mercado. Os agricultores contribuem com conhecimentos práticos, experiência no terreno e desafios do mundo real dos sistemas de produção agrícola.

A colaboração permite que as partes interessadas aproveitem as forças e os recursos complementares, promovendo sinergias e acelerando a inovação na agricultura.

Co-criação de soluções:

As parcerias de colaboração permitem a co-criação de soluções que respondem às necessidades e prioridades dos agricultores, informadas pela investigação científica, pelos avanços tecnológicos e pela dinâmica do mercado. Ao envolver os utilizadores finais no processo de conceção e desenvolvimento, as partes interessadas podem garantir que as inovações são relevantes, práticas e fáceis de utilizar.

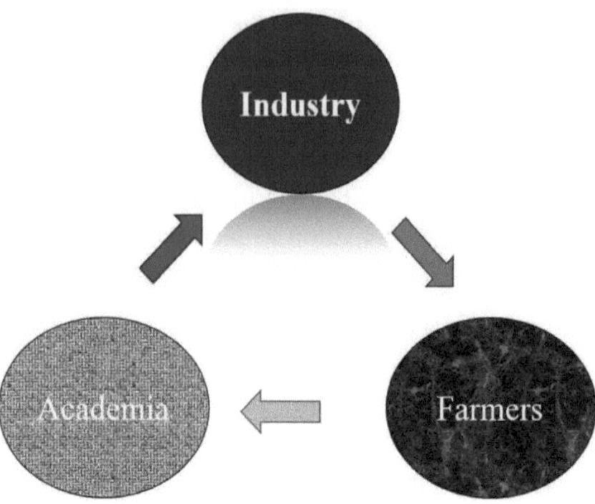

Fig. 10.3 Colaboração entre o meio académico, a indústria e os agricultores

Validação e ensaio:

Os agricultores fornecem um feedback valioso e validam as novas tecnologias e práticas, testando-as em diversos agro-ecossistemas e em condições reais. A indústria e o meio académico podem colaborar com os agricultores na realização de ensaios de campo, demonstrações e projectos-piloto, recolhendo dados empíricos e conhecimentos que sirvam de base ao aperfeiçoamento e à expansão das inovações.

Reforço das capacidades e formação:

As iniciativas de colaboração oferecem oportunidades de reforço de capacidades e formação, capacitando agricultores, investigadores e profissionais da indústria com os conhecimentos, as competências e as ferramentas necessárias para adotar e utilizar eficazmente as tecnologias de inteligência artificial. Programas de formação, workshops e eventos de intercâmbio de conhecimentos facilitam a aprendizagem e o desenvolvimento de competências em diversos grupos de intervenientes.

Defesa de políticas e partilha de conhecimentos:

A colaboração permite que as partes interessadas defendam políticas de apoio, regulamentos e incentivos que promovam a inovação, a adoção e a utilização responsável da tecnologia na agricultura. Ao partilhar as melhores práticas, as lições aprendidas e as histórias de sucesso, as partes interessadas podem divulgar conhecimentos, criar redes e promover uma cultura de inovação e colaboração no sector agrícola.

Sustentabilidade e avaliação de impacto:

Os projectos e iniciativas de investigação em colaboração podem avaliar a sustentabilidade e os impactos socioeconómicos da adoção de tecnologias na agricultura, avaliando os resultados relacionados com a produtividade, a rentabilidade, a gestão ambiental e a equidade social. Ao monitorizar e avaliar os impactos das inovações, as partes interessadas podem otimizar a atribuição de recursos, enfrentar os desafios emergentes e maximizar os benefícios para todas as partes interessadas.

Para promover a colaboração entre o meio académico, a indústria e os agricultores, as partes interessadas podem

Estabelecer plataformas, consórcios e redes multi-intervenientes que facilitem a comunicação, a colaboração e o intercâmbio de conhecimentos entre as diversas partes interessadas.

Fornecer financiamento, subvenções e incentivos para projectos de investigação em colaboração, centros de inovação e locais de demonstração tecnológica que reúnam o meio académico, a indústria e os agricultores.

Criar mecanismos de co-conceção, co-desenvolvimento e co-inovação, assegurando que os utilizadores finais participem ativamente no processo de investigação e desenvolvimento. Apoiar iniciativas de reforço das capacidades, formação e serviços de extensão que dotem os agricultores e os profissionais agrícolas das competências e conhecimentos necessários para adotar e utilizar eficazmente as tecnologias de inteligência artificial.

Fomentar uma cultura de abertura, confiança e responsabilidade partilhada, em que as partes interessadas colaborem de forma transparente, respeitem as diferentes perspectivas e trabalhem para atingir objectivos comuns em benefício da agricultura e da sociedade em geral.

Ao fomentar a colaboração entre o meio académico, a indústria e os agricultores, as partes interessadas podem desbloquear novas oportunidades, enfrentar desafios complexos e impulsionar a inovação que transforma a agricultura para melhoramento dos agricultores, das comunidades e do ambiente.

CAPÍTULO 11

ESTUDOS DE CASO

Os estudos de caso fornecem exemplos convincentes de como a inteligência artificial está a ser aplicada para enfrentar os desafios do mundo real e impulsionar a inovação na agricultura. Por exemplo, na Austrália, a utilização de drones equipados com câmaras multiespectrais permitiu aos agricultores monitorizar a saúde das culturas e detetar infestações de pragas com uma precisão sem precedentes, permitindo intervenções direccionadas e melhores resultados de rendimento. Da mesma forma, nos Países Baixos, uma exploração leiteira implementou um sistema de ordenha robotizado que utiliza algoritmos de aprendizagem automática para otimizar os horários de ordenha com base no comportamento individual das vacas e nos dados de produção de leite, resultando numa maior eficiência e bem-estar dos animais. Estes estudos de caso destacam as diversas aplicações da inteligência artificial na agricultura e demonstram o seu potencial para transformar as práticas agrícolas, aumentar a produtividade e promover a sustentabilidade em diferentes sectores e regiões agrícolas.

Apresentar estudos de casos reais que demonstram implementações bem sucedidas da inteligência artificial em diversos contextos agrícolas.

Com certeza! Eis alguns estudos de casos reais que demonstram implementações bem sucedidas da inteligência artificial em diversos contextos agrícolas:

A plataforma FieldView da Climate Corporation:

A Climate Corporation, uma subsidiária da Bayer, oferece a plataforma FieldView, que utiliza algoritmos de aprendizagem automática para analisar dados de campo, incluindo mapas do solo, dados meteorológicos e métricas de desempenho das culturas.

Os agricultores podem utilizar a plataforma para gerar mapas de prescrição para sementeira a taxa variável, fertilização e aplicação de pesticidas, optimizando os insumos com base na variabilidade do campo e nas necessidades das culturas.

Estudo de caso: Um agricultor de milho no Midwest utilizou o FieldView para otimizar as decisões de plantação com base nos dados de humidade e temperatura do solo, resultando num aumento de 7% no rendimento e numa redução de 15% nos custos de insumos.

Tecnologia See & Spray da John Deere:

A tecnologia See & Spray da John Deere combina a visão por computador e a aprendizagem automática para permitir a aplicação direccionada de herbicidas em culturas em linha, como a soja e o algodão.

As câmaras de alta resolução montadas nos pulverizadores identificam as ervas daninhas em tempo real, permitindo que o sistema aplique seletivamente o herbicida apenas nas ervas daninhas visadas, poupando as culturas.

Estudo de caso: Um agricultor de algodão no Texas adoptou a tecnologia See & Spray para reduzir a utilização de herbicidas em 90%, em comparação com a pulverização a lanço, resultando em poupanças de custos e benefícios ambientais.

LettuceBot da Blue River Technology:

A Blue River Technology, agora parte da John Deere, desenvolveu o LettuceBot, um robô autónomo equipado com visão computorizada e capacidades de aprendizagem automática para desbaste e monda de precisão em campos de alface.

O LettuceBot identifica e remove seletivamente as plantas indesejadas, espaçando as restantes plantas de alface em intervalos óptimos para promover um crescimento uniforme e maximizar o rendimento.

Estudo de caso: Um produtor de alface na Califórnia utilizou o LettuceBot para automatizar as operações de desbaste e remoção de ervas daninhas, reduzindo os custos de mão de obra em 90% e obtendo maiores rendimentos com uma melhor uniformidade da colheita.

Soluções de precisão da Farmers Edge:

A Farmers Edge oferece soluções de agricultura de precisão que utilizam algoritmos de aprendizagem automática para analisar imagens de satélite, amostras de solo e dados meteorológicos para uma gestão específica do local.

Os agricultores podem aceder à plataforma FarmCommand para monitorizar a saúde das culturas, acompanhar a variabilidade dos campos e tomar decisões baseadas em dados sobre factores de produção, como taxas de sementeira, aplicação de fertilizantes e programação da irrigação.

Estudo de caso: Um agricultor de cereais no Canadá utilizou as Farmers Edge

Precision Solutions para otimizar a aplicação de azoto com base nas necessidades das culturas e nas condições do solo, o que resultou num aumento de 10% no rendimento e na redução do impacto ambiental.

Trimble's Connected Farm:

A plataforma Connected Farm da Trimble integra dados de sensores, drones e máquinas agrícolas para fornecer informações em tempo real e apoio à decisão para a agricultura de precisão.

Os agricultores podem utilizar a plataforma para criar mapas de prescrição para aplicação de insumos a taxas variáveis, monitorizar o desempenho do equipamento e acompanhar as actividades no terreno.

Estudo de caso: Um agricultor de trigo na Austrália adoptou a plataforma Connected Farm da Trimble para otimizar a programação da irrigação com base nos dados de humidade do solo, resultando em poupanças de água e melhores rendimentos das culturas.

Estes estudos de caso demonstram as diversas aplicações da inteligência artificial na agricultura, desde a agricultura de precisão e a maquinaria autónoma até à monitorização das culturas e aos sistemas de apoio à decisão. Ao aproveitar o poder da inteligência artificial, os agricultores podem otimizar a utilização dos recursos, reduzir o impacto ambiental e melhorar a produtividade e a rentabilidade da produção agrícola.

Destacar o impacto no rendimento das culturas, na eficiência dos recursos e nos resultados económicos.

A implementação da inteligência artificial na agricultura teve um impacto significativo no rendimento das culturas, na eficiência dos recursos e nos resultados económicos. Eis como:

Rendimento das culturas:

A inteligência artificial permite aos agricultores otimizar as práticas de gestão das culturas, como a plantação, a irrigação, a fertilização e o controlo de pragas, com base em dados em tempo real e análises preditivas.

Ao monitorizar a saúde das culturas, identificar factores de stress e implementar intervenções direccionadas, a inteligência artificial ajuda os agricultores a mitigar os factores limitadores do rendimento e a maximizar o potencial de rendimento.

Estudos demonstraram que as técnicas de agricultura de precisão, alimentadas pela inteligência das máquinas, podem aumentar o rendimento das culturas até 20% ou mais em comparação com as práticas agrícolas convencionais.

Eficiência de recursos:

A inteligência artificial permite uma gestão precisa e específica do local dos factores de produção agrícola, incluindo água, fertilizantes, pesticidas e energia, reduzindo o desperdício e optimizando a utilização dos recursos.Ao utilizar a tomada de decisões baseada em dados e a análise avançada, os agricultores podem aplicar os factores de produção de forma mais eficiente, fazendo corresponder a oferta à procura das culturas e minimizando as perdas devidas a uma aplicação excessiva ou subutilização.Estudos demonstraram que as práticas de agricultura de precisão, possibilitadas pela inteligência das máquinas, podem reduzir a utilização de factores de produção em 10-20%, mantendo ou aumentando os rendimentos, conduzindo a uma maior eficiência dos recursos e à sustentabilidade ambiental.

Resultados económicos:

Ao aumentar o rendimento das culturas e otimizar a utilização dos recursos, as tecnologias de inteligência artificial contribuem para melhorar os resultados económicos dos agricultores, incluindo maiores receitas e rentabilidade.As práticas de agricultura de precisão ajudam os agricultores a reduzir os custos dos factores de produção, como o combustível, os produtos químicos e a mão de obra, ao mesmo tempo que atingem rendimentos e padrões de qualidade mais elevados, resultando num aumento do rendimento líquido por hectare.A adoção de tecnologias de inteligência artificial pode também conduzir a poupanças de custos através de uma maior eficiência operacional, da redução do tempo de inatividade e da otimização da logística, melhorando ainda mais o desempenho económico e a competitividade.Globalmente, o impacto da inteligência artificial nos rendimentos das culturas, na eficiência dos recursos e nos resultados económicos da agricultura é substancial, conduzindo a uma maior produtividade, a menores custos dos factores de produção e a uma maior rentabilidade para os agricultores. Ao aproveitar o poder da tomada de decisões baseada em dados, da análise preditiva e das técnicas de agricultura de precisão, os agricultores podem obter sistemas de produção agrícola sustentáveis e resilientes que respondam aos desafios de alimentar uma população em crescimento, minimizando o impacto ambiental e maximizando o retorno económico.

CAPÍTULO 12

CONCLUSÃO

Em conclusão, a inteligência artificial representa uma ferramenta poderosa para enfrentar os desafios com que a agricultura se depara e para impulsionar a inovação no sentido de práticas agrícolas sustentáveis e eficientes. Ao tirar partido de tecnologias como a inteligência artificial, a aprendizagem automática e a análise de dados, os agricultores podem otimizar a utilização dos recursos, melhorar o rendimento das culturas e reduzir o impacto ambiental. No entanto, para concretizar todo o potencial da inteligência artificial na agricultura é necessário enfrentar desafios como a privacidade dos dados, o acesso à tecnologia e considerações éticas. Através de esforços de colaboração e de uma adoção responsável, podemos aproveitar o poder transformador da inteligência artificial para criar um sistema alimentar mais resistente, equitativo e sustentável para as gerações futuras.

Resumir as principais ideias e conclusões do capítulo.

O capítulo explora o potencial transformador da inteligência artificial na agricultura, destacando o seu impacto no rendimento das culturas, na eficiência dos recursos e nos resultados económicos. As principais ideias e conclusões incluem:

Importância da inteligência artificial na agricultura:

A inteligência artificial, incluindo a inteligência artificial e a aprendizagem automática, oferece oportunidades sem precedentes para revolucionar as práticas agrícolas tradicionais e enfrentar os desafios relacionados com a segurança alimentar, a ineficiência dos recursos e a variabilidade climática.

Aplicações da inteligência artificial:

As tecnologias de inteligência artificial estão a ser aplicadas em vários aspectos da agricultura, incluindo a monitorização das culturas, a agricultura de precisão, os sistemas de apoio à decisão, a robótica e a gestão da cadeia de abastecimento, permitindo a tomada de decisões com base em dados e a otimização das operações agrícolas.

Benefícios para o rendimento das culturas e a eficiência dos recursos:

A inteligência artificial ajuda os agricultores a otimizar as práticas de gestão das culturas, tais como a plantação, a irrigação, a fertilização e o controlo de pragas, conduzindo a um aumento do rendimento das culturas, a uma melhoria da qualidade e a uma redução dos custos dos factores de produção através de uma afetação precisa dos recursos e de intervenções específicas.

Impactos económicos e sustentabilidade:

A adoção de tecnologias de inteligência artificial resulta em melhores resultados económicos para os agricultores, incluindo maiores receitas, rentabilidade e eficiência operacional, promovendo simultaneamente a sustentabilidade, a gestão ambiental e a resiliência dos sistemas de produção agrícola.

Desafios e considerações:

Apesar dos seus potenciais benefícios, a adoção da inteligência artificial na agricultura enfrenta desafios relacionados com os custos, o acesso aos dados, os conhecimentos técnicos, as infra-estruturas, os quadros regulamentares e as considerações éticas, que têm de ser resolvidos através de esforços de colaboração e de políticas de apoio.

Tendências e oportunidades futuras:

A investigação e a inovação em curso no domínio da inteligência artificial para a agricultura estão a impulsionar as tendências futuras, incluindo a integração da IA e da robótica, a computação periférica e os dispositivos IoT, a análise preditiva, as cadeias de blocos e a computação quântica, que são promissoras para aumentar ainda mais a produtividade, a sustentabilidade e a resiliência na agricultura.

De um modo geral, o capítulo sublinha a importância de adotar a inteligência artificial como um fator essencial de inovação e transformação na agricultura, salientando simultaneamente a necessidade de parcerias de colaboração, reforço de capacidades e adoção responsável para libertar todo o seu potencial em benefício dos agricultores, dos consumidores e do ambiente.

Reforçar o potencial transformador da inteligência artificial para moldar o futuro da agricultura sustentável.

A inteligência artificial tem um imenso potencial transformador para moldar o futuro da agricultura sustentável, permitindo a tomada de decisões baseadas em dados, optimizando a utilização de recursos e promovendo a resiliência dos sistemas agrícolas. Eis como a inteligência artificial pode impulsionar a agricultura sustentável:

Práticas de agricultura de precisão:

A inteligência artificial permite práticas agrícolas de precisão, como a aplicação de insumos a taxas variáveis, a gestão orientada de pragas e a programação optimizada da irrigação, que minimizam o desperdício, reduzem o impacto ambiental e aumentam a eficiência dos recursos.

Adaptação e resiliência às alterações climáticas:

Ao analisar os dados climáticos, as condições do solo e o desempenho das culturas, a inteligência artificial ajuda os agricultores a adaptarem-se às condições ambientais em mudança, a mitigarem os riscos e a criarem resiliência contra a variabilidade climática, os fenómenos meteorológicos extremos e as pragas e doenças emergentes.

Conservação dos ecossistemas e biodiversidade:

A inteligência artificial apoia os esforços de conservação dos ecossistemas, promovendo a preservação dos habitats, a conservação da biodiversidade e a gestão da saúde dos solos, garantindo a sustentabilidade a longo prazo das paisagens agrícolas e preservando os serviços dos ecossistemas.

Otimização e eficiência dos recursos:

Através da monitorização em tempo real e da análise preditiva, a inteligência artificial optimiza a utilização dos recursos, incluindo água, fertilizantes, pesticidas e energia, minimizando os custos dos factores de produção, reduzindo o desperdício e melhorando a eficiência global da produção agrícola.

Cadeias de abastecimento sustentáveis:

A inteligência artificial aumenta a transparência, a rastreabilidade e a responsabilidade nas cadeias de abastecimento agrícola, permitindo práticas de abastecimento ético, comércio justo e consumo responsável, que promovem a sustentabilidade e a equidade social em todo o sistema alimentar.

Inovação e melhoria contínua:

Ao promover a colaboração entre o meio académico, a indústria e os agricultores, a inteligência artificial impulsiona a inovação e a melhoria contínua das tecnologias, práticas e políticas agrícolas, conduzindo a avanços contínuos em termos de sustentabilidade e produtividade.

Capacitação dos agricultores e das comunidades:

A inteligência artificial capacita os agricultores e as comunidades rurais com acesso a informações, conhecimentos e ferramentas de apoio à decisão, permitindo-lhes fazer escolhas informadas, adotar as melhores práticas e participar ativamente no desenvolvimento agrícola sustentável.

Segurança alimentar e nutrição a nível mundial:

Ao aumentar o rendimento das colheitas, melhorar a qualidade dos alimentos e reforçar a resiliência dos sistemas de produção agrícola, a inteligência artificial contribui para os objectivos globais de segurança alimentar e nutrição, garantindo o acesso a alimentos seguros, nutritivos e a preços acessíveis para todos.

Em resumo, a inteligência artificial tem o potencial de revolucionar a agricultura, promovendo a sustentabilidade, a resiliência e a inclusão em todo o sistema alimentar. Ao aproveitar o poder da tomada de decisões baseada em dados, análises avançadas e tecnologias emergentes, as partes interessadas podem trabalhar em conjunto para criar um futuro em que a agricultura não seja apenas produtiva e lucrativa, mas também ambientalmente sustentável, socialmente equitativa e resiliente aos desafios futuros.

Incentivar os leitores a explorar e a contribuir para a atual intersecção entre a tecnologia e a agricultura.

Encorajo os leitores a explorarem ativamente e a contribuírem para a atual intersecção entre a tecnologia e a agricultura, uma vez que esta apresenta uma grande variedade de oportunidades para impulsionar a inovação, a sustentabilidade e a resiliência nos sistemas agrícolas. Eis as razões pelas quais se deve envolver:

Inovação e descoberta:

A intersecção entre a tecnologia e a agricultura é um terreno fértil para a inovação e a descoberta, oferecendo possibilidades infinitas para desenvolver novas soluções, melhorar as práticas existentes e enfrentar os desafios complexos que o sector agrícola enfrenta.

Impacto e transformação:

As suas contribuições para a tecnologia na agricultura têm o potencial de causar um impacto significativo na vida dos agricultores, comunidades e consumidores em todo o mundo. Ao tirar partido das suas competências, experiência e criatividade, pode promover uma transformação positiva na forma como os alimentos são produzidos, distribuídos e consumidos.

Sustentabilidade e Resiliência:

As soluções tecnológicas desempenham um papel crucial na promoção da sustentabilidade e da resiliência na agricultura, desde a agricultura de precisão e a otimização de recursos até à adaptação climática e à conservação dos ecossistemas. Ao adotar a tecnologia, pode ajudar a criar um sistema alimentar mais sustentável e resiliente que satisfaça as necessidades das gerações presentes e futuras.

Capacitação e inclusão:

A tecnologia capacita os agricultores e as comunidades rurais com acesso a informação, conhecimento e ferramentas de apoio à decisão, permitindo-lhes ultrapassar barreiras, aumentar a produtividade e melhorar os meios de subsistência. Ao defender abordagens inclusivas e equitativas à adoção de tecnologia, pode garantir que os benefícios da inovação são partilhados por todas as partes interessadas.

Colaboração e comunidade:

Juntar-se à intersecção da tecnologia e da agricultura abre portas à colaboração, aprendizagem e construção de comunidades com indivíduos e organizações que pensam da mesma forma. Ao trabalhar em conjunto entre disciplinas, sectores e geografias, pode ampliar o seu impacto e acelerar o progresso em direção a objectivos comuns.

Aprendizagem e crescimento contínuos:

O envolvimento com a tecnologia na agricultura oferece oportunidades de aprendizagem e crescimento contínuos, à medida que explora novas tecnologias, adquire novas competências e se mantém a par das tendências e desenvolvimentos emergentes neste domínio. Ao abraçar a curiosidade e uma mentalidade de crescimento, pode desbloquear todo o seu potencial como agente de mudança na agricultura.

Liderança e inovação no futuro:

À medida que a tecnologia continua a evoluir e a remodelar a paisagem agrícola, as suas contribuições de hoje podem moldar o futuro da agricultura e da produção alimentar. Ao aproveitar a oportunidade de liderar, inovar e colaborar, pode ajudar a criar um futuro agrícola mais sustentável, resiliente e inclusivo para as gerações vindouras.

Em conclusão, exorto-vos a explorar a intersecção da tecnologia e da agricultura com curiosidade, entusiasmo e sentido de missão. Quer sejam cientistas, engenheiros, empresários, agricultores ou defensores, os vossos contributos são inestimáveis para impulsionar mudanças positivas e moldar o futuro da alimentação e da agricultura. Juntos, vamos aproveitar o poder da tecnologia para criar um sistema agrícola mais sustentável, equitativo e resiliente para todos.

APÊNDICE

Glossário de termos

Com certeza! Aqui está um glossário para ajudar os leitores a compreender os termos técnicos e os acrónimos utilizados ao longo do capítulo:

Inteligência artificial: Um termo abrangente que engloba várias tecnologias, incluindo a inteligência artificial (IA), a aprendizagem automática (ML) e a aprendizagem profunda, que permitem às máquinas imitar as funções cognitivas humanas, como a aprendizagem, o raciocínio e a resolução de problemas.

Agricultura de precisão: Uma abordagem à agricultura que utiliza a tecnologia, a análise de dados e a variabilidade espacial para otimizar os insumos, maximizar o rendimento e minimizar o desperdício, adaptada às necessidades específicas de culturas individuais, campos ou mesmo plantas.

Inteligência Artificial (IA): A simulação da inteligência humana por máquinas, envolvendo tarefas como a aprendizagem, o raciocínio, a resolução de problemas, a perceção e a tomada de decisões, normalmente alimentadas por algoritmos e dados.

Aprendizagem automática (ML): Um subconjunto da IA que se centra no desenvolvimento de algoritmos e modelos que permitem aos computadores aprender e fazer previsões ou tomar decisões com base em dados, sem serem explicitamente programados.

Aprendizagem profunda: Um subcampo da aprendizagem automática que utiliza redes neurais com várias camadas para extrair representações hierárquicas de dados, permitindo a modelação de relações e padrões complexos em grandes conjuntos de dados.

Internet das Coisas (IoT): Uma rede de dispositivos, sensores e sistemas interligados que recolhem, trocam e analisam dados em tempo real, permitindo a tomada de decisões inteligentes e a automatização em vários domínios, incluindo a agricultura.

Computação de borda: Um paradigma de computação distribuída que aproxima a computação e o armazenamento de dados da fonte de geração de dados, permitindo o processamento e a análise de dados em tempo real na extremidade da rede, sem a necessidade de uma infraestrutura centralizada.

Análise de dados: O processo de examinar, limpar, transformar e modelar dados para extrair informações, padrões e tendências significativos, utilizando frequentemente técnicas estatísticas, algoritmos de aprendizagem automática e ferramentas de visualização.

Análise preditiva: A utilização de dados, algoritmos estatísticos e técnicas de aprendizagem automática para prever eventos ou resultados futuros com base em dados históricos, permitindo a tomada de decisões proactivas e a gestão de riscos.

Agricultura de precisão: Sinónimo de agricultura de precisão, a agricultura de precisão refere-se à utilização de tecnologia e de técnicas baseadas em dados para otimizar as práticas e os factores de produção agrícolas, maximizando a eficiência, a produtividade e a sustentabilidade.

Maquinaria autónoma: Máquinas agrícolas equipadas com sensores, actuadores e algoritmos de IA que permitem a operação e a tomada de decisões autónomas, reduzindo a necessidade de intervenção humana em tarefas como a plantação, a colheita e a monitorização do campo.

Blockchain: Uma tecnologia de livro-razão digital descentralizada e distribuída que regista transacções e dados de forma segura e imutável, permitindo transparência, rastreabilidade e confiança em várias aplicações, incluindo a gestão da cadeia de abastecimento na agricultura.

Computação quântica: Um tipo de computação que utiliza os princípios da mecânica quântica para efetuar operações em bits quânticos (qubits), permitindo uma aceleração exponencial na resolução de certos problemas computacionais, incluindo tarefas de otimização relevantes para a agricultura.

Gémeo digital: Uma réplica ou simulação digital de activos físicos, processos ou sistemas que permite a modelação, monitorização e análise virtuais, facilitando a manutenção preditiva, a otimização e o apoio à decisão na agricultura.

Visão computacional: Um campo da inteligência artificial que permite aos computadores interpretar e analisar informações visuais de imagens ou vídeos, possibilitando aplicações como a deteção de objectos, o reconhecimento de imagens e a inspeção visual na agricultura.

Computação de borda: Um paradigma de computação distribuída que aproxima a computação e o armazenamento de dados da fonte de geração de dados, permitindo o processamento e a análise de dados em tempo real na extremidade da rede, sem a necessidade de uma infraestrutura centralizada.

Este glossário visa clarificar os termos técnicos e acrónimos habitualmente utilizados nos debates sobre a intersecção da tecnologia e da agricultura, permitindo aos leitores compreender melhor e interagir com o conteúdo apresentado no capítulo. Esta proposta de capítulo de livro tem como objetivo fornecer uma exploração abrangente da aplicação da inteligência artificial na agricultura, oferecendo uma visão do potencial transformador da tecnologia na abordagem dos desafios enfrentados pelo sector agrícola em todo o mundo.

REFERÊNCIAS

1. Intelligent Robots and Drones for Precision Agriculture, Springer Science and Business Media LLC, 2024.
2. J Kavitha, Shabnam Kumari, K. Manivannan, Amit Kumar Tyagi. Capítulo 7 Papel da visualização de dados e análise de Big Data na agricultura inteligente, IGI Global, 2024.
3. Manisha Singh, Twinkle Kumar Sachchan, Prabhjot Kaur Sabharwal, Ranjana Singh. Capítulo 1 Tecnologias de produção alimentar inteligentes e sustentáveis, Springer Science and Business Media LLC, 2024.
4. Shabnam Kumari, Gaurav Kumar Pandey, Shrikant Tiwari. Capítulo 6 Técnicas de visualização de dados na implementação da agricultura inteligente", IGI Global, 2024.
5. Shabnam Kumari, Shrikant Tiwari, Kanchan Naithani, Priyanga Subbiah. Capítulo 5 Internet of Things for Smart Agriculture, IGI Global, 2024.
6. M. Supriya, Amit Kumar Tyagi, Shrikant Tiwari, Richa. Capítulo 8 Sistemas de recomendação inteligentes baseados em sensores para actividades agrícolas, IGI Global, 2024.
7. Krishnagandhi Pachiappan, K. Anitha, R. Pitchai, S. Sangeetha, T. V. V. Satyanarayana, Sampath Boopathi. Capítulo 15 Máquinas Inteligentes, IoT e IA na Revolução da Agricultura para Processamento de Água, IGI Global, 2023.
8. Rohitashw Kumar, Muneeza Farooq, Mahrukh Qureshi. Advancing precision agriculture through artificial intelligence, Elsevier BV, 2024.
9. Tarun Kumar Vashishth, Vikas Sharma, Bhupendra Kumar. Capítulo 8 Inteligência Artificial (IA) - Biossensores Integrados e Bioelectrónica para a Agricultura, IGI Global, 2024.
10. Tetala, Satya Surya Dattatreya Reddy. Agricultura personalizada alimentada por inteligência artificial, Universidade Estadual do Colorado, 2023.
11. K.Shashidhar Reddy, Sayed Sayeed Ahmad, Amit Kumar Tyagi. Capítulo 4: Inteligência Artificial e Internet das Coisas - Agricultura Inteligente para a Era Moderna, IGI Global, 2024.
12. Shabnam Kumari, P. Muthulakshmi. Capítulo 10 Predicting Weather Conditions Using Machine Learning for Improving Crop Production, IGI Global, 2024.
13. S. Kalpana, Kamunuri Ganapathi Babu, T. V. N. Padmavathi, Bhumika Sharma, Hari B. S., M. Sudha. Capítulo 15 A fusão de IA, IoT e sensores

agrícolas para ecossistemas agro-tecnológicos auto-sustentáveis, IGI Global, 2024.
14. Ishaan Mehta, Santosh Kumar Bharti, Honey Mehta, Rajeev Kumar Gupta. Capítulo 4 Monitorização e previsão agrícola baseada na aprendizagem profunda, IGI Global, 2023.
15. Tarun Kumar Vashishth, Vikas Sharma, Sachin Chaudhary, Rajneesh Panwar, Shashank Sharma, Prashant Kumar. Capítulo 8 Tecnologias avançadas e aplicações IoT baseadas em IA na agricultura de alta tecnologia, IGI Global, 2023.
16. Pabitha C, Benila S, Suresh A. A digital footprint in enhancing agricultural practices with improved production using machine learning, Research Square Platform LLC, 2023.
17. Bhupinder Singh, Christian Kaunert. Capítulo 11 Harnessing Sustainable Agriculture Through Climate-Smart Technologies, IGI Global, 2023.
18. Digitalização e Inovação na Gestão II, IOS Press, 2023.
19. Yanti Andriyani, Suripto, Witra Apdhi Yohanitas, Ray Septianis Kartika, Marsono. Adaptive Innovation Model Design: Integrating Agile and Open Innovation in Regional Areas Innovation, Journal of Open Innovation: Tecnologia, Mercado e Complexidade, 2023.
20. Mobile Radio Communications and 5G Networks, Springer Science and Business Media LLC, 2024.
21. S. Gandhimathi Alias Usha. Capítulo 6 Aproveitamento da inteligência ambiental para melhorar a gestão das culturas, tirando partido da técnica de aprendizagem profunda, IGI Global, 2023.
22. Luiz Ugeda, Isabel Celeste Fonseca. Capítulo 2 Governação Urbana Inteligente através da Geoinformação: A Importância dos Geoportais para a Interoperabilidade das Cidades, Springer Science and Business Media LLC, 2023.
23. Sheelesh Kumar Sharma. Capítulo 7 Artificial Intelligence for Monitoring Agricultural Essentials, IGI Global, 2024.
24. Emil Joseph. Capítulo 6 Inovação Tecnológica e Práticas de Gestão de Recursos para a Promoção do Desenvolvimento Económico, IGI Global, 2023.
25. Shraddha Dattatray Jape, Kaveri Vitthal Mungase, Vaishnavi Bhausaheb Thite, Devyani Jadhav. Uma análise abrangente sobre 5G, IoT e o seu impacto na agricultura e nos cuidados de saúde, 2023 Segunda Conferência Internacional sobre Inteligência Aumentada e Sistemas Sustentáveis (ICAISS), 2023.
26. El Mehdi Raouhi, Mohamed Lachgar, Hamid Hrimech, Ali Kartit.

Aplicações baseadas em veículos aéreos não tripulados na agricultura inteligente: A Systematic Review, International Journal of Advanced Computer Science and Applications, 2023.
27. Fereidoun Forghani, Shaoting Li, Shaokang Zhang, David A. Mann, Xiangyu Deng, Henk C. den Bakker, Francisco Diez-Gonzalez. Deteção e Serotipagem de e em Farinha de Trigo por uma Abordagem Quasimetagenómica Assistida por Captura Magnética, Amplificação de Deslocamento Múltiplo e Sequenciação em Tempo Real, Microbiologia Aplicada e Ambiental, 2020.
28. Geospatial Technology to Support Communities and Policy, Springer Science and Business Media LLC, 2024.
29. Hemen Sarma, Mahesh Narayan, Jose R. Peralta-Videa, Su Shiung Lam. Explorando a importância dos nanomateriais e das emendas orgânicas Prospect for phytoremediation of contaminated agroecosystem, Environmental Pollution, 2022.
30. T Nithya Shree, N Alagu Sundari. A Virtual Assistor for Impaired People by using Gestures and Voice, 2023 5th International Conference on Inventive Research in Computing Applications (ICIRCA), 2023.
31. Muhammad M. Waqas, Muthaminnah Muthaminnah, Tanveer Ahmad. Capítulo 18 Crescimento potencial da Inteligência Artificial (IA) e da Internet das Coisas (IoT) na agricultura, IGI Global, 2024.
32. Anshul Sharma, Khushal Thakur, Kiran Jot Singh, Divneet Singh Kapoor. Capítulo 17 Estratégias para uma implementação bem sucedida e a realização de estágios através de cursos em linha nas IES, IGI Global, 2023.
33. Chenjerai Muchenje, Edwill Mtengwa, Lena Lainah Maregere. Capítulo 21 Libertar o potencial empresarial, IGI Global, 2024.
34. Shan Jiang, Haiyin Wang, Yuanyuan Gu. Genome Sequencing for Newborn Screening -An Effective Approach for Tackling Rare Diseases, JAMA Network Open, 2023.
35. Conservation Agriculture, 2003.
36. Douha Jerbi. Exploring the Latest Frontiers of Artificial Intelligence: A Review of Trends and Developments, Instituto de Engenheiros Eléctricos e Electrónicos (IEEE), 2023.
37. George Papadopoulos, Simone Arduini, Havva Uyar, Vasilis Psiroukis, Aikaterini Kasimati, Spyros Fountas. Economic and Environmental Benefits of Digital Agricultural Technologies in Crop Production: A review, Smart Agricultural Technology, 2024.
38. Mohd Akhter Ali, M. Kamraju. Capítulo 8 Land Use and Agriculture,

Springer Science and Business Media LLC, 2023.
39. Najila Musthafa, P Jemsheer Ahmed, Kt Muhammed Salah, F Muhammed Afnan, Ot Mohammed Shibilmon, P Mohammed Shameel. Identificação e deteção de doenças do tomateiro a partir da folha utilizando a tecnologia Deep Aprendizagem por reforço, 2023 9th International Conference on Smart Computing and Communications (ICSCC), 2023.
40. H. P. Khandagale, Sangram Patil. Capítulo 4 A Study on Different Neural Network Methods of Leaf Image Processing for Disease Identification, Springer Science and Business Media LLC, 2023.
41. Parvataneni Rajendra Kumar, S. Meenakshi, S. Shalini, S. Rukmani Devi, S. Boopathi. Capítulo 1 Previsão da qualidade do solo em abordagens de aprendizagem de contexto usando aprendizagem profunda e blockchain para agricultura inteligente, IGI Global, 2023.
42. Paula Catala-Roman, Enrique A. Navarro, Jaume Segura-Garcia, Miguel Garcia-Pineda. Aproveitamento de gémeos digitais para a agricultura 5.0: A Comparative Analysis of 3D Point Cloud Tools, Applied Sciences, 2024.
43. Shrikant Tiwari, Chidambaram N., Amit Kumar Tyagi. Capítulo 9 Necessidades do século XXI, IGI Global, 2023.
44. Waleed Khalid Alazzai, Mohammed Kadhim Obaid, Baydaa Sh.Z. Abood, Laith Jasim. Soluções de agricultura inteligente: Aproveitamento da IA e da IoT para a gestão das culturas, E3S Web of Conferences, 2024.
45. ALI HUSSEIN KHALAF, Ying Xiao, Ning Xu, Bohong Wu, Huan Li, Bing Lin, Zhen Nie, Junlei Tang. Tecnologias emergentes de IA para monitoramento de corrosão na indústria de petróleo e gás: Uma revisão abrangente, Análise de falhas de engenharia, 2023.
46. Konefal, Jason. Twenty Lessons in the Sociology of Food and Agriculture, Oxford University Press.
47. Raj Kishor Verma, Kaushal Kishor. Capítulo 10 Aplicações de processamento de imagem na agricultura com a ajuda da IA, IGI Global, 2024.
48. Mrignainy Kansal, Pancham Singh, Mili Srivastava, Prateek Chaurasia. Capítulo 11 Capacitar a agricultura com IA de conversação, IGI Global, 2023.
49. Tarun Kumar Vashishth, Vikas Sharma, Kewal Krishan Sharma, Bhupendra Kumar, Sachin Chaudhary, Rajneesh Panwar. Capítulo 4-AIoT na educação: transformar os ambientes de aprendizagem e a tecnologia educativa, IGI Global, 2024.

Printed by Books on Demand GmbH, Norderstedt / Germany